A. Trinius,
In die blaue Ferne

Die Hohkönigsburg als Ruine, vor der Wiederherstellung.

Jung-Deutschland-Bücherei

In die blaue Ferne
Ein Wanderbuch
von August Trinius

Springer-Verlag Berlin Heidelberg GmbH

© Springer-Verlag Berlin Heidelberg 1913
Ursprünglich erschienen bei Otto Spamer, Leipzig 1913
Softcover reprint of the hardcover 1st edition 1913

ISBN 978-3-662-33553-6   ISBN 978-3-662-33951-0 (eBook)
DOI 10.1007/978-3-662-33951-0

Erstes Kapitel

Von allen Freuden dieser Welt,
Die uns ein Gott gegeben,
Das Wandern mir das Herz erhellt.
Ja: Wandern, das heißt Leben! —
   A. Trinius.

Es war am letzten Tage des ausklingenden alten Jahres. Helle, fast silbrig schimmernde Sonne breitete sich über das offene Land, das weit hinaus weiß aufleuchtete. Ab und zu flügelte ein Schwarm Raben krächzend drüber hin, dunkel wirbelnde Punkte über dem blendenden Mantel des Königs Winter. Ferne Dörfer blitzten auf. Zuweilen kündete eine lang hinwallende Rauchfahne, wo ein Bahnzug das Gelände durchsauste. Über dem nahen, in Stufen aufsteigendem Gebirge rollte die Sonne hinüber nach Westen ... in ein neues Jahr.

Am Ausgange des Thüringer Städtchens, das sich traulich an einen bewaldeten Vorberg lehnte, da lag die Hufschmiede des alten Meister Junker. Weit offen stand die breite Türe, aus der jahraus, jahrein so fröhlich das Pinkpank von Hammer und Amboß hinaus über die Straße erklang. Wie das so lockend dort in leckenden Flammen emporgriff, züngelte, zischte, funkelte unter dem taktmäßigen Hammerschlag des leicht berußten Mannes, dessen ehrliches Gesicht frisch und fröhlich in die Welt blickte, trotz der grauen Haare, die sich unter der Mütze hervorkrausten!

Es war um die Stunde des Frühnachmittages. An den Türpfosten gelehnt hielt eine schlanke Jünglingsgestalt und blickte in die Flammenglut. Das war Ehrhardt Brink, der Älteste des Amtsgerichtsrates im Städtlein. Alte Freundschaft verknüpfte den jungen Mann mit Meister Junker. Schon als Kind war er wiederholt seiner Obhut entlaufen, um hier an gleicher Stelle unermüdlich in die Flammen zu schauen, dem Hammerschlage zu lauschen. Gab's denn etwas Schöneres, als wenn unter dem Druck des Blasebalges immer wieder jauchzendes Leben in die hoch schlagenden Flammen griff? Feuer zieht magnetisch an, gleich wie das eintönig-unermüdliche Anrauschen der Meereswellen. Ach, und als er bereits in die Schule gekommen war, schlummerte immer noch der Wunsch in ihm, dermaleinst das zu werden, was Meister Junker nun seit einem Menschenalter übte.

Dann war freilich der Plan langsam aufgegeben worden. Doch die Liebe zu der berußten Werkstatt, zu ihrem prächtigen Meister war sich treu geblieben. Kehrte er jetzt in den Ferien aus der Residenzstadt heim, so war sein erster Gang fast immer hierher. Lag doch die Schmiede zugleich auch am Aufgang in den nahen Bergwald. Und das gab dann immer wieder ein fröhliches Wiedersehen. Ja, der alte Meister würde es persönlich fast wie eine Art Zurücksetzung empfunden haben, wenn sein Liebling nicht bald in der Tür aufgetaucht wäre!

Nun stieß der Alte das glühende Eisen aufzischend in den Wasserkübel, ließ den Hammer fallen, wischte sich über die Stirn und wandte sich Ehrhardt zu.

„'s macht warm, Junge! Gelle? Sommer oder Winter: 's bleibt sich gleich! Heut' geht's Jahr um! Möcht' noch recht lange den Hammer schwingen! 's hält die Knochen jung..."

„...und 's Herz auch!" Ehrhardt hielt dem Alten die Hand hin. Zwischen beiden war das vertrauende „Du" in stiller Vereinbarung stehengeblieben. „Weißt du noch," lachte Ehrhardt auf, „wie mein ganzes Dichten und Trachten einst dahin ging, selbst einmal so wie du in einer Schmiede zu stehen? Ganz, warum soll ich's leugnen, ist ja die Sehnsucht noch nicht eingeschlafen."

Der Alte nickte mit einem Schimmer von Stolz auf dem gefurchten Gesicht.

„Weiß es, weiß es, Ehrhardt! Wenn aber alle das

werden wollten, was Jungenherzen erträumen ... wo kämen wir hin? Das Handwerk in Ehren! Aber auch Hut ab vor den anderen, die für uns denken, erfinden, uns die Welt im anderen Sinne schön machen! Du hast zuviel Flügelkraft, um ewig am Amboß zu stehen!" Des so Angeredeten Augen leuchteten auf.

„Woher weißt du das?"

„Woher?" Der alte Junker klopfte Ehrhardt auf die Schulter und lachte in seinen Bart hinein. So recht vergnüglich und heimlich, als freue es ihn, den rechten Nagel auf den Kopf getroffen zu haben. „Woher ich das weiß? Komm', setz' dich neben mich! Die Arbeit drängt nicht mehr. Und heut' geht ja ohnehin ein Jahr wieder zu Ende, da darf man schon mal seinen Gedanken Audienz geben! Junge: schon als du noch ein Kind warst, habe ich dir's angemerkt, wie etwas in dir immer voran flog. Du warst etwas anders wie die andern. Wenn einer kann halbe Stunden in mein Feuer starren, dann wieder hinauf in den Himmel, wenn zu Herbst die Zugvögel über die Berge flogen ... siehst du, Junge, in solch einem Jungen steckt etwas von einem Träumer. Wenn dann tüchtiger Fleiß hinzukommt, Wissen und Erfahrung ... aus solch einem Menschen wird mal 'was Apartes. Was? Je nun, das kann ich vielleicht nicht so ausdrücken, aber etwas, was dann später Tausenden anderen Menschen Freude macht, wenn sie von der Arbeit des Tages zu ihm kommen."

Der neben ihm Sitzende drückte ihm fest die Hand.

„Woher weißt du das alles?"

„Ich lese in den Flammen und lese in den Gesichtern und Herzen! Und siehst du, da ich auch noch jung war, etwas von dir steckte auch in mir. Ich hätt' ja können daheim bleiben. Saß warm und sicher. Mein Vater hätte dann keinen Gesellen gebraucht. Aber es ward mir zu eng. Wenn ich die Wolken sah über unsere Berge fliegen, da fühlte ich etwas wie Schmerz da drinnen. Hinaus, hinaus in die blaue Ferne! So klang's und klang's Tag und Nacht in mir. Und eines Tages trat ich vor den Vater hin und sagte ihm alles, was mich bedrückte. Der Alte hat mich verstanden. Er ließ mich ziehen. Drei Jahre bin ich fortgewesen ... drei lange Jahre! Nun bin ich längst selbst wieder auch ein Alter geworden ... wenn ich aber dich zuweilen betrachte, sehe, wie deine Augen suchend dort hinausgehen oder aus den Flammen hier Geschichten hören, die nirgends geschehen und doch wahr sind ... siehst du, Junge, dann habe ich immer den Wunsch, du packtest eines Tages den Rucksack, schütteltest mir die Hand und zögst hinaus, weit, weit, bis die Alpen vor dir stehen!"

„Ach, Vater Junker! Wer das könnte!" Ehrhardt reckte die Arme hoch. „Bis die Alpen vor mir stehen! Durch den Garten von Deutschland hin!"

„Ja, schön ist unser deutsches Vaterland, Junge! Wer es kennt, der muß es doppelt lieb haben. Ich hab' da und dort gearbeitet, aber immer weiter trieb es mich nach Süden, bis ich in die Tore von Basel hineinzog. Siehst du, Junge, das mach' mir nach! Du wirst's mit noch ganz anderen Augen ansehen denn ich. Du hast die Geschichte gelernt und weißt auch sonst mehr, als was der Hammer uns lehrt. Ich trug nur mein junges, volles Herz hinaus!"

„Und das, Meister Junker, war am Ende doch das Beste!"

„Kann wohl sein! Es sausen so viele hinaus, weil sie's dazu haben, wie sie sagen. Doch sie sehen und hören nichts, ihr Herz bleibt stumm. Weit, weit auf muß man's aufmachen ... da braucht man gar keine Geschichten zu lesen. Jeder neue Tag bringt so viel, daß wir gar nicht fleißig genug es hier und da" — er deutete auf Stirn und Herz — „aufsparen können."

„In die blaue Ferne!" Ehrhardt reckte sich hoch auf. Dann packte er des Alten Hand. „Du hast einen Feuerbrand mir in die Seele geworfen, wie soll ich den löschen?"

„Nicht löschen, immer höher brennen lassen! Denk' dir's aus, wie's zu machen wäre. Wenn man will, dann kann man so viel!"

Der alte Hufschmied und sein junger Freund waren in die offene Tür getreten. Über den Bergen rollte die Sonne hin, die Gipfel wie im Feuer eintauchend. Stumm blickten beide ein paar Minuten hinüber. Dann reichte der Alte dem Jungen die Hand:

„Nun, mein Junge: wandere gesund und tapfer in

das neue Jahr hinein! Es gibt Träume, die auch in Erfüllung gehen!"

„Wär' das schön! Auch dir alles Gute!" Die Augen trafen sich, die Hände schüttelten sich. Der alte Hufschmied sah noch eine Weile Ehrhardt nach, wie dieser weit ausgreifend den Bergen zuschritt.

„Der wird, der wird!" murmelte er. „Kern steckt in ihm drin und Wahrhaftigkeit!" Bald darauf erklang wieder das helle Pinkpank über die stille, winterliche Straße. — —

Ehrhardt hatte den Weg zum Gebirge genommen. In seiner Brust wogten heiße, sehnende Gefühle durcheinander. „Vielleicht, vielleicht," flüsterte er. „Ich will's heute abend versuchen. Wenn ich's schaffe ... Vater ist gut!"

Eine Stunde später hielt er broben auf der gerodeten Kuppe eines Berges, von wo das Auge frei über Bergwellen und eingerissene Täler hinüber zur Werra schweifte, hinter der die Rhön ihre scharf geformten Basaltkuppen hob. Der frische Wind strich ihm um das Gesicht. Weite, weite Stille herrschte in dem tiefverschneiten Hochwalde. Dann und wann ging ein Schüttern durch das weiße Zauberreich, wenn irgendwo ein Baum unter der Last von Eis und Schnee seufzend zusammenbrach. Dann kam wieder die wundersame Stille geschlichen, die lauter zu Herzen spricht für den, der mit seinem Fühlen ist eingestellt auf die geheimnisvollen Stimmen der Natur.

An einen Stamm am Waldesrande gelehnt, träumte Ehrhardt in die lockende Ferne. Nur schwer riß er sich los und trat langsam den Heimweg an, diesmal eine andere Talsenkung zur Tiefe wählend. Sein verschneiter Pfad war unten soeben in eine breite Bergstraße eingebogen, als er plötzlich fast über sich einen hellen Ruf vernahm: „Hoihoh!" Er wandte sich um. Auf seinen Schneeschuhen zischend niedergleitend, stürmte der beste Freund heran, Franz Stoll, der Sohn des Ortspfarrers.

„Ski-Heil!" rief jetzt Ehrhardt.

Gleich darauf hielt Franz Stoll vor ihm, geschickt den jähen Lauf hemmend.

„'n Tag, Ehrhardt! Mensch, warum lernst du's nicht auch? Mir ist's, als käme ich recte aus dem Himmel! Herrgott, war das da oben eine Lust! Der Wind pfiff, ich pfiff, meine Eschenbretter pfiffen ... na, das gab eine Göttersymphonie! Und dann," seine Augen erhielten erhöhten Glanz, „Mensch, elender Schneetrampler, denk' dir doch, was ich noch kurz vor Jahresschluß für kolossales Schwein habe!? Schreibt heute morgen mein Onkel, ein Bruder meines Alten, aus Pfirt, das ist nämlich die südlichste Stadt im Deutschen Reiche, deine armseligen geographischen Kenntnisse aufzupäppeln, ich soll ihn in den großen Ferien besuchen. Er ist dort kaiserlicher Oberförster, kennt mich gar nicht, doch mein Ruhm muß bis in seine Einsamkeit gedrungen sein. Kurzum: Vater soll seinen Stolz — ja doch, ja doch, ich erröte ja schon! —

ihm schicken, damit die liebe Verwandtschaft neue Schwung= kraft empfängt. Natürlich willigte ich ein. Vater wird mir das Nötige stiften, unter der Bedingung, daß ich Ostern den Hammelsprung in die Prima mache. Nun hör' mal, edler Dichter: Spring' mit! Arm in Arm mit dir in die Prima ... Schulter an Schulter neben dir hinein ins Deutsche Reich, in den Wasgau, bis uns die Alpen ehr= furchtsvoll begrüßen. Abgemacht! Dein Schweigen lege ich als Zustimmung aus. Addio, mio amico carissimo!"

Wie aus einem flimmernden Traume wachte Ehrhardt auf.

„Du, Franz?! Du!!"

Der aber glitt, ohne sich noch einmal umzuschauen, die weiße Straße hinab und war im nächsten Augenblick bei einer Biegung verschwunden.

„In die blaue Ferne!" Leise kam es von den Lippen des Zurückbleibenden. Dann aber straffte er sich auf und schlug den Heimweg ein. Etwas wie fröhliche Erwartung war auf seinem Gesicht heraufgestiegen. — —

Im Hause des Amtsgerichtsrates Brink wurden soeben aufs neue die Punschgläser gefüllt. Die Mutter hatte leise die Fenster der Stube nach dem Garten hin geöffnet. Am Himmel hingen blinkend Tausende von Sternen, selbst der Turm der Stadtkirche hatte sich rings der Türmer= wohnung einen Kranz von Lichtern aufgesetzt. Herta, die Tochter, besah sich noch einmal sinnend die phantastischen Bleiformen, welche sie heute abend gegossen hatte, daß sie ihr Schicksal für die Zukunft künden sollten. Der Vater und Ehrhardt schritten aus der Nebenstube, in welcher der Weihnachtsbaum seine Wachslichter wieder entzündet hatte, herein, da die Mutter sich vom Fenster umwandte.

„Kinder, 's ist gleich so weit. Einige Schreier können es schon nicht erwarten. Vom Rathause hat's schon geschlagen. Jetzt...." Hoch vom Turm erklangen nun die vier Vorschläge der Uhr, dann setzten die zwölf Hauptschläge ein. Das neue Jahr hielt seinen Einzug. Stimmengewirr von der Stadt her über die Gärten, Prositrufen, vom Marktplatz her unter Posaunenbegleitung der Choral „Nun danket alle Gott..." dazwischen das volle, mächtige, harmonische Geläut der drei Kirchenglocken.

Man küßte sich und drückte sich die Hände, die Augen ruhten ineinander, leise suchte ein Glas das andere.

Der Amtsgerichtsrat hatte die Hand seines Jungen festgehalten. Ernst und doch freundlich sah er ihn an.

„Junge! Ein schweres Vierteljahr liegt vor dir. Sei tapfer! Mach' dir und mir Ehre!"

„Ich versprech's dir, Vater!"

„Und bist du durch, dann sollst du diesmal einen Wunsch frei haben!"

„Vater!"

„Na, was ist denn?"

„Franz Stoll ist für die großen Ferien in die Vogesen zu einem alten Onkel eingeladen ... einem Oberförster!

Wenn ich da ... mit könnte, wenn wir zusammen dorthin wandern dürften...?"

„Freude gegen Freude, mein Junge! Komm' mit der Versetzung zu Hause, dann könnt ihr beide eure Rucksäcke packen!"

„In die blaue Ferne ziehen!"

Und wieder klangen die Gläser aneinander.

Der Nachtwächter hatte längst die dritte Morgenstunde abgerufen, als Ehrhardt Brink noch immer wach in seinem Bette lag. Er sah die Wogen des Rheins vorüberfluten, in blauen Umrissen stiegen Pfalz und Wasgau auf, dann reckte plötzlich das Münster von Straßburg sich in die flimmernde Sommerluft und ganz in der Ferne leuchteten die Firnen und Gletscher des Berner Oberlandes, winkten und winkten, bis Ehrhardt in das Traumland hinübergeschlummert war. — — —

Als Meister Junker um die Jahreswende sein Glas geleert und seiner Frau einen herzhaften Kuß gegeben hatte, sagte er:

„Siehst du, Mutter: Gott hat uns nur ein Mädel geschenkt und das ist auch längst aus dem Neste geflogen. Da ist aber der Ehrhardt Brink. Den Bengel hab' ich lieb wie fast mein eigen Blut. Aus dem wird noch 'was Besonderes. So, füllen wir noch einmal! Komm, wir Alten wollen mal auf sein Wohl anstoßen! So, ich hab's ehrlich gemeint. Nagelprobe! Und nun komm zu Bett! Ruhe ist die erste Bürgerpflicht!" — — —

Zweites Kapitel

Es war am Sonnabend vor Palmarum. Erste Lenzboten hatten sich bereits eingestellt, den frischen, helläugigen Besieger des grämlichen Winters anzukünden. Die Weiden und Haselbüsche hatten ihre Kätzchen geöffnet, und lauer Wind ließ sie lustig läuten. In den Gärten fiedelten die Meisen wieder, Finken schmetterten, das Buschröschen hatte seine weißen Augen sanft aufgemacht und längs der Hecken strichen kleine Mädchen hin und suchten nach den ersten Veilchen.

Vor wenigen Minuten war das Züglein in dem Bahnhöfchen eingelaufen. Schon ratterte der Wagen vom „Goldenen Stern" über das etwas holprige Pflaster des Städtleins, stolz einen Handlungsreisenden und drei mächtige Musterkoffer mit sich führend. Vereinzelte Ankömmlinge tauchten auf dem Vorplatze des Bahnhofes auf, während bereits das Züglein mit wehender Rauchfahne weiter am Gebirgsrande dampfte. Plötzlich kam erhöhteres Leben in das gewohnte Bild. Zwei Jünglinge, bunte Mützen auf den Köpfen, brachen aus dem Portal der Ankunftshalle heraus und eilten, ohne rechts und links um sich zu blicken, hinein in den Ort. Es war schon kein Laufschritt mehr, es wurde allmählich ein pfeilschnelles Jagen. Aus den erhitzten, frischen Gesichtern blitzten gar fröhliche Augen, die immer nur vorwärts gerichtet waren.

„Mensch!" lachte Franz Stoll und gab dem eng neben ihm dahinsausenden Kameraden einen leichten Rippenstoß, „nach der Schlacht von Marathon hat Athen auch nicht schneller die Siegesnachricht bekommen, wie heute unsere Alten! Uff!"

„Guck doch nur: ein Fenster nach dem anderen reißen sie schon auf! Die Fensterspiegel genügen ihnen nicht mehr!" erwiderte Ehrhardt Brink.

Und weiter schossen die Freunde die Bahnhofstraße hin, jetzt sogar den rumpelnden Wagen des „Goldenen Stern" überholend.

Am Marktplatze rauschte der Brunnen. Die Spatzen hatten sich auf die benachbarte Wettersäule geflüchtet, die zugleich eine Normaluhr zeigte, welche man seit drei Jahren hatte vergessen aufzuziehen. Das neugierige Federvolk fürchtete das laute Wortgeplänkel der beiden Frauen, welche seit einer halben Stunde am Brunnen ließen die Eimer überlaufen. Eine von ihnen war Mutter Holland, im Orte nur die „Silberbraut" genannt, ein Staatsstück von Waschfrau, die neun Jahre nach jenem erhebenden Tage noch immer bei jeder Gelegenheit von ihrer Silberhochzeit schwärmte, bei der ihr nun Seliger, ein Schneiderlein, habe einen Frack angehabt, auf dem eigens für diesen hohen Festtag er sich habe silberne Knöpfe aufgesetzt.

„Heern se, das war Sie ä Tag! Die Augen hamm se uffgerissen, wer's hat geseh'n! Na, unn ich! Kranz unn Streißchen hängt noch heite überm Kanapee! Ingerahmt, natierlich!" Sie wischte sich über die Augen. „'s war Sie ä Tag ... ach Gott, ach Gott, ach Gott! Schiener kann's bei Herzogs au nich gewäsen sei!" Da riß sie die Augen auf. Just stürmten die beiden Schulfreunde über den Markt, die Brunnengruppe völlig übersehend. Gleich darauf waren sie in einer Seitengasse verschwunden.

„Mer könnte wahrhaftig meenen, 's brennt sie irgendwo! Grießt doch sonst immer, der Ehrhardt! Mer kennen uns doch schon, da er noch so kleene war! Aber die Welt wird närrsch, alles geht aus dem Leime! Wer weeß, was die beeden mal wieder ausgefressen hamm! Na, adje Creitzburgen! Ich muß heeme!" Kopfschüttelnd schlurrte Mutter Holland, die Silberbraut, hinüber in ein kleines Haus, während die Spatzen einer nach dem anderen auf ihren angestammten Sitz am Brunnenrande zurückkehrten. —

Der Amtsgerichtsrat hielt seinen Jungen mit steifen Armen vor sich. Aus seinen Augen wetterte es.

„Junge, das hast du brav gemacht! Selbst in Mathematik, sie ist dein Steckenpferd wahrlich nicht, noch eine leidliche Nummer! Mutter!" Soeben war diese aus der Küche zurückgekehrt, mit dem nachfolgenden Dienstmädchen rasch den Frühstückstisch zu decken, „Mutter! Nun trag ordentlich auf! Heute schmeckt's doppelt gut! Und der Franz Stoll auch 'rübergerutscht? Na, ich werde heute noch einen ‚Führer' durch die Vogesen bestellen, damit du dich rechtzeitig in den Reiseplan hineinarbeitest. 's ist dir doch recht?"

„Vater!" Mit leuchtenden Augen hielt Ehrhardt seine Rechte dem Vater über den Tisch hinüber. — — —

Aus der Hufschmiede draußen am Ausgange des Städtchens erklang wieder das helle Pinkpank so fröhlich über die Straße. Der Blasebalg ächzte, die Funken stoben wirbelnd empor, und züngelnde Flammen schlugen auf und versanken wieder in der Herdasche. Ab und zu hielt Meister Junker in der Arbeit inne. Seine Augen wanderten hinaus zur Straße. Dann schien er aufzuhorchen. Ein Lächeln lag auf seinem gutmütigen Gesicht. Und wieder sauste der Hammer nieder, der Amboß schütterte, und das Feuer auf dem Herde sang leise dazu.

Da störten eilige Schritte und Stimmenwechsel den Hufschmied von der Arbeit auf. Im Rahmen der offenen

Tür tauchten Ehrhardt und Franz auf. Sie schwenkten grüßend die bunten Mützen und stürmten auf den Meister zu, der seinen Hammer hatte erwartungsvoll sinken lassen.

„Hurra, Meister Junker!" riefen sie durcheinander. „Versetzt, versetzt! Und in den Hundstagsferien geht's in die Vogesen! In die blaue Ferne!" Sie schüttelten dem Alten die Hände, und der ließ seine grau und dicht umbuschten Augen zufrieden und stolz über die erhitzten Jungengesichter schweifen, als hätte er selbst ein Teil mit daran gearbeitet, sie zum Siege zu führen.

„Das ist ja famos! Na, da gratulier' ich schön! Daß so etwas kommen mußte, hat mir schon geahnt. Die „Silberbraut" hat's meiner Alten vorhin erzählt, daß ihr beide seid in die Stadt 'neingejagt, als seien die Franzosen hinter euch..."

„Bitte sehr: wir nehmen nicht Reißaus vor den Rothosen!"

„Also, als seid ihr auf der Verfolgung des Erbfeindes! Und bis an seine Grenzen soll's ja nun auch gehen... vielleicht sogar ein Stück hinein ins Franzenland!" Er rieb sich die rußigen Hände an der Lederhose ab. „Herrgott! Vierzig Jahre jünger, und ich packte meinen Ranzen und zög' mit euch über den Rhein! Alles wird wieder wach, denke ich an jene Tage!"

„Die ganzen Ferien dürfen wir fortbleiben!" lachte Franz.

„Und der Oberförster in Pfirt, der Onkel von Franz, hat nun auch mich eingeladen, bei ihm zu bleiben, solange uns noch Zeit bleibt dafür!" ergänzte Ehrhardt, während seine Augen hinaus aus dem Dämmerraum der Werkstatt flogen in die sonnige Frühlingslandschaft, über welcher die Lerchen tirilierend schwebten.

Das gab ein Erzählen, Fragen und Horchen. Die Augen des Alten blitzten wie im Jugendfeuer und eine halbe Stunde mochte verflossen sein, als die Freunde sich endlich verabschiedeten und nun die Richtung zum Bergwalde einschlugen.

Meister Junker sah ihnen noch eine Weile nach, ehe er zu seiner Arbeit wieder zurückkehrte. Mit dem Pinkpank seines Hammers verschmolz die Rede:

„Tüchtige Jungen! Kinderstube von echt deutschem Schrot und Korn noch! Will's Gott, erleb' ich's noch, wie sie aufwärts kommen!" Wie zur Bekräftigung seiner Rede dröhnte der Hammer schwer auf den zitternden Amboß nieder.

Ehrhardt und Franz schritten weit aus. Sie pfiffen, sie sangen, sie schwangen die Stöcke in einem Übermaß von lang entbehrter Freude und ab und zu schmetterte ein kräftiger Jodler hinaus in das frühlingsschwere Bergland.

„Wenn wir erst unterwegs sind, Franz: dem Alten müssen wir oft eine Karte schicken! Im Geiste geht er ja doch neben uns her!"

„Aber selbstverständlich! Na, überhaupt! Und dann die Schönen aus unserer Tanzstunde! Die hetzen wir aufeinander. Du dichtest, ich zeichne! Da schinden wir Eindruck. Aber vorher kein Wort von unserer Reise. Hörst du? Wie die Platzpatronen sollen die Karten niederhageln ... aus Bayern, Schweiz ... natürlich geht's auch ein Stück über die französische Grenze..."

„Du! Dann machen wir geheimnisvolle Andeutungen, weißt du, Fremdenlegion, Afrika, Marokko..."

„Meinetwegen auch von Löwenjagden! Schade nur, daß dazu die Ferien zu kurz sind."

„Ach, Mensch: schieben möchte ich die Wochen, bis wir hinausdampfen!"

„Die werden auch vergehen, ebenso rasch wie unsere Fahrt in die blaue Ferne!"

Auf dem Ast einer Eberesche an der Straße saß ein Stieglitz. Im Sonnenglaste schimmerte sein buntes Röcklein. Lieblich scholl sein Gezwitscherr in die weiche Luft. Die schwarzen Perlenaugen zwinkerten den beiden Wanderern entgegen. Dann hob das Tierchen die Schwingen und flog ein Stück davon waldein.

„Das hat die Reise schon hinter sich," sagte Ehrhardt. „Italien, Alpen, Süddeutschland!"

„Und braucht nicht Kompaß noch gedruckten Führer!"

„Aber Ortssinn hat es und Heimatssehnsucht!"

„Und in der kleinen Kehle Lieder, die nie veralten!" — — —

Frohgemut stiegen die Freunde waldauf, bis sie nach ein paar Stunden auf dem begrasten Rennstieg hielten. In die lockende Ferne flogen da ihre Blicke. Freude, Sehnsucht, Dank mischten sich in ihren Empfindungen. Dann schüttelten sie sich kräftig die Hände, Wandertreue fürs Leben gelobend. — —

Drittes Kapitel

Wie waren den beiden Freunden doch Wochen und Monate zwischen Ostern und dem Beginn des Sommers dahingeflogen! Man hatte tüchtig für die Schule gearbeitet, Pfingsten war man für ein paar Tage nach Hause geeilt, wobei Meister Junker den Reiseplan noch fester mit dem Hammer zusammengeschmiedet hatte. In allen freien Stunden, an den Nachmittagen des Sonntags war man zusammengekommen, die Karte wurde ausgebreitet, die Abschnitte des „Führers" gründlich studiert und so wanderte man im Geiste bereits wie durch bekanntes Gelände und freute sich aufrichtig der erweiterten Kenntnis eines bisher fremden Landes. Daß an den alten Oberförster in Pfirt ab und zu Grüße flatterten, bleibt selbstverständlich.

„Der Alte muß mürbe gemacht werden und die Tage zählen, bis wir geruhen unseren Einzug zu halten," scherzte Franz. „Auch hoffe ich bestimmt, daß er vorher noch einen feisten Rehbock zur Strecke bringt!"

„Auch nicht vergißt, den Forellenteich zu fischen!" ergänzte Ehrhardt. „Ein Fäßlein Elsässer Wein wird ja seinem Keller auch nicht mangeln! Mensch, wir werden wie im Paradiese wohnen!"

„Und droben im stillen Jura, wo die drei Länder sich anrempeln, da hissen wir das Banner unserer Brüderschaft auf!"

„Oder bauen aus Steinen eine Pyramide, daß die alten Ägypter noch im Grabe sich umdrehen sollen!"

„Dann schlägst du die goldenen Saiten deiner Dichterharfe..."

„Und du reitest feierlich auf deinem Zeichenstift dreimal um das hehre Denkmal!"

So scherzten die Freunde im glücklichen Vorgefühl kommender Wandertage. Rasch schwanden nun die letzten Wochen. Der Sommer war indessen ins Land gezogen und auf den Wiesen lag das erste Heu gewürfelt und strömte herbsüßen Duft einher. Schulschluß. Hurra! Schon eine Stunde später eilten die beiden Freunde zum Bahnhofe der Residenz, ein jeder im Handkoffer einen neu erstandenen Rucksack. Um die Mittagszeit langten sie daheim an. Heute schritten sie ehrbarer durch die Bahnhof=

straße, um sich erst am Marktbrunnen die Hände zum Abschied zu schütteln.

„Um Drei hole ich dich ab, Franz!"

„'s recht! Ich warte auf dich!"

Diesmal kam die „Silberbraut" mit dem erwarteten Gruß nicht zu kurz. Sie stand wieder am Brunnen im Gespräch mit einem anderen Weibe. Als nun das Grußwort beider Jünglinge so hell an ihre Ohren drang, da ging ein Leuchten der Zufriedenheit über ihr volles Gesicht. Sie nickte den Freunden noch nach, als diese bereits getrennt nach Hause eilten, und wandte sich dann zu der Nachbarin:

„Sinn doch scheene Leite und halten auf die Reputation anderer! Na, mer sinn ja au lange genug bekannt zusammen!" Als sie darauf zu ihrem Häuschen schlurrte, sprach sie für sich: „Gott sei Dank! 's hat sich, wie's scheint, gegäben! Jemersch, dacht' doch damals, se wären beide närrsch geworden!" — — —

Es war bald nach drei, da Meister Junker plötzlich in seiner Arbeit innehielt und nach der Straße zu horchte. Von dort erklang jetzt immer näher kommend die fröhliche Wanderweise:

> „Morgen marschieren wir,
> Ade! Ade! Ade! Ade!
> Und unser Bündel ist geschnürt.
> Und alle Liebe drein.
> Ade, die Trommel wird gerührt,
> Es muß geschieden sein!"

Da hob der Meister Schmied den Hammer hoch und ließ ihn dann gar lustig im Takte fallen, indem er mit wuchtigem Baß in den Schlußreim einfiel:

> „So reich' mir denn nochmal die Hand,
> Herzallerliebster du!
> Und kommst du in ein fremdes Land,
> So laß dein Bündel zu!
> Ade! Ade! Ade! Ade!
> Es muß geschieden sein."

Nun flog der Hammer im Bogen zur Erde. Der alte Junker drehte sich um und streckte seine Hände den Freunden entgegen.

„Also fort soll's nun wirklich! Morgen, gelle? Ich könnt' euch tausend Grüße auftragen und sage nur den einen Gruß: Grüßt mir die blaue Ferne! Das schöne deutsche Vaterland! Ja, halt ... doch noch ... einen ganz stillen Extragruß könnt ihr ausrichten und vergeßt ihn nicht. Kommt ihr durch Annweiler in der Pfalz, wo es hinauf zum alten Trifels geht ... da steht auch so am Wege eine Schmiede ... hoffentlich wenigstens. Da habe ich als junger Bursch ein halbes Jahr gearbeitet. Meister und Meisterin waren mir gewogen. Aber's Annerl, das noch mehr, weit, weit mehr. Jungens, solche Augen wie Vergißnichtmein und Haare, die in der Sonne wie eitel Gold funkelten ... ich war ja so jung ... die Welt so blau ... so schön! Mit ihrer stillen Anmut hatte sie mich festgekettet ... und bald wäre ich der untreu geworden, die ich hier zurückgelassen. In einer Nacht, da der Mond hell mir aufs bunte Deckbett schien, glaubte ich plötzlich die Glocken der Heimat zu hören. Ihr werdet sie auch nicht vergessen! Das bleibt im Ohr. Und dann war's mir wie Weinen aus der Ferne ... aus Mädchenaugen. Da bin ich aufgesprungen, habe mich angezogen und bin hinauf zum Turm des Trifels gewandert, bis die Sonne drüben über dem Odenwalde aufging. Und dann war ich wieder frei! Ich hab' dem Meister und der Meisterin die Hand gedrückt und mich für alle gute Aufnahme bedankt. Aber Jungblut muß weiter. Die Annerl ist dann noch ein Stück mit mir gegangen und es hat mir das Herz fast abgedrückt, da ich ihr zum letzten Male die Hand gegeben. Da hat sie aufgeschluchzt gar bitterlich. Annerl, hab' ich gesagt ... daheim wartet schon eine andere auf mich. Soll ich der untreu werden? Angeschaut hat sie mich mit wehen Augen. Dann den Goldkopf geschüttelt. Annerl, hab' ich gesagt: das werde ich dir nie vergessen! Wär' ich frei: keine andere denn du! So sind wir auseinandergegangen. Es war alles längst begraben in mir ... aber heute ... Jungen, wenn ihr an der Schmiede vorüberkommt: bleibt ein paar Augenblicke stehen ... grüßt heimlich das liebe Haus!"

Noch manches gab es mit dem Meister Junker zu reden, ehe die Freunde zum letzten Male die Hände entgegenstreckten. Dann schlugen sie die Richtung zum Walde ein, auch von diesem Abschied zu nehmen. Der alte Schmied war in der Tür stehengeblieben. Versonnen ging sein Blick in die Weite.

„Sollt' man sich nicht schämen? Alles so vor den Jungen hinzuschwätzen? Die Erinnerungen! Warm hatten sie gemacht!" Ein Lächeln stieg in seinem Gesicht herauf, als er sich jetzt wieder der Arbeit zuwandte. Mit leisem Kopfschütteln ergriff er den am Boden liegenden Hammer, und bald darauf klang wieder taktmäßig das Pinkpank über die still in der Sonne träumende Straße.

Am nächsten Morgen schritten die beiden jungen Freunde zum Bahnhofe. Ihre Lodenhüte hatten sie mit einem Bruch heimatlichem Tannengrün geschmückt, über dem Rücken hing der straffgepackte Rucksack, in der Rechten ruhte ein derber Ziegenhainer. Die beiden Väter hatten es sich nicht nehmen lassen, ihre Ältesten zu geleiten. Noch manch gutes Wort ward den Wanderkameraden mit auf den Weg gegeben.

„Haltet euch tapfer! Vergeßt nicht ab und zu einen Gruß nach Hause! Die Paßkarten habt ihr doch eingesteckt? Grüßt nochmals daheim! Von mir auch!" So ging es hinüber und herüber. Dann setzte sich das Züglein in Bewegung, die kurze Fahrt bis zur Hauptbahnlinie zurückzulegen. Während die beiden Alten im Gespräch den Heimweg antraten, standen Ehrhardt und Franz am offenen Fenster ihres Abteils und sahen, wie der Kirchturm, das Dächermeer, sowie der Schloßberg tiefer und tiefer in die Ferne zurücktraten. Sie winkten ein letztes Lebewohl und setzten sich. Eine halbe Stunde später saßen sie im Zuge der Thüringer Bahn, das Hörseltal hinabdampfend.

Auf ihren Gesichtern lag lauterste Freude. Höher klopften die Herzen, und wenn sich die Augen trafen, so ging ein stilles Leuchten von einem zum andern.

„Mensch!" sagte Franz und kniff vergnüglich sein Gegenüber in die Knie, „nun wird's Ernst! Erst ein Stück nach Westen, dann hinab nach Süden! Da kommt schon unser Hörselberg. Weißt du noch, wie da an einem Bismarcktage unser kleines Freudenfeuer lustig prasselte? Unten, die in Ettenhausen, haben gemeint, das Hörselhaus stehe in Flammen, und einige Männer des Dorfes, voran der Wirt, sind heraufgeeilt. Aber das Feuer war längst aus, das Haus stand gesund da..."

„Und wir waren Hals über Kopf in den Zapfengrund geflüchtet! Und dann einmal ... wir botanisierten auf Orchideen, da riefen wir in die Höhle immer wieder laut den Namen der Venus. Aber es blieb alles still."

„Dafür hat uns dann der getreue Eckart gestraft. Denn als wir nach Stunden des Umherirrens den kleinen Hörselberg endlich erreicht hatten, da sahen wir rückwärts ganz deutlich vor der Höhle eine Gestalt stehen, die uns drohend nachschaute. Bald darauf brach's vom Himmel nieder aus Kannen und Kübeln, und pudelnaß erreichten wir endlich Wutha."

Als der Zug aus Eisenach hinaus war, nickten beide Freunde der ragenden Wartburg zu.

„Wenn wir sie wiedersehen, sind wir um ein Stück reicher, Franz!"

Wo die Hörsel sich mit der Werra eint, liegt das Dorf Hörschel. Ehrhardt zeigte hinüber zur Bergwand.

„Siehst du dort den schmalen Hohlweg bergan steigen? Da beginnt der Rennstieg. Sechs Tage zieht er sich über die Berge von Thüringen und Franken."

„Stimmt! Am Anfang wie am Ende steht ein Wirtshaus, um die Fahrt echt deutsch und feierlich zu begießen!"

Beider Blicke folgten für die nächste Stunde dem blinkenden Schlängellaufe der Werra, bis diese dann zwischen fern blauenden Bergen seitlich verschwand. Jenseits Bebra ging's ins Tal der Fulda hinein. Zwei uralte Bischofssitze sind es in diesem anmutigen Tale, welche auch die Aufmerksamkeit unserer jungen Reisenden fesselten: Hersfeld und Fulda, beide mit dem Thüringer Lande aufs innigste verknüpft. Der Apostel Lullus war es, der im Jahre 736 Kloster Hersfeld gründete, das dann drüben in Thüringen Besitzungen sich erwerben sollte. Noch heute leitet die Weinstraße über den Thüringer Wald, auf der einst Hersfeld den Brüdern in Thüringen manch gutes Stückfaß zur Labung entsandte. Bedeutender noch bleibt Fulda, in dessen Dom unten in der Krypta Bonifazius ruht, der tapfere Heidenbezwinger, der uns freilich an

Rom band. In der Linken die Bibel, die Rechte mit dem Kreuz hoch emporgereckt, steht er in Erz gegossen vor dem ehemaligen Residenzschlosse der Fürstäbte. Die Inschrift des Sockels lautet:

St. Bonifacius, Germanorum Apostulus.
Verbum Domini manet in aeternum.

Mit Interesse ließen unsere Freunde die Augen über den lieblichen Talkessel schweifen, in dem reichgetürmt sich Fulda breitet, rings von Höhen umkränzt, von deren Kuppen Klöster und Wallfahrtskapellen niedergrüßen. Dann aber zog das prächtige Landschaftsbild auf der anderen Seite sie mächtig an. Scharf gezackt und eigenartig geformt zeigten sich ihnen die Basaltkuppen der Hohen Rhön. Aus ihrer Mitte ragte, seltsam anzuschauen, die Milseburg, ob ihrer Gestaltung im Volke heute noch die Totenlade genannt.

„Schön soll's dort drüben sein zu wandern, besonders zur Zeit der wilden Rosen," berichtete Ehrhardt, „aber die Armut wohnt trotzdem dicht neben der Schönheit. Das ist fast grausam zu nennen. Seit ein paar Jahren sollen sich ein paar Dörfer der Rhön davon nähren, daß sie gezüchtete Schnecken nach Paris versenden."

Franz stieß mit wenig verstecktem Abscheu ein paar blaue Ringel seiner Zigarre in die Luft und entgegnete:

„Gut, daß der Geschmack verschieden ist! Ich gäbe mein Erstgeburtsrecht nicht für eine Schüssel Schnecken hin! Oder du etwa?"

Sie lachten sich an und ließen dann wieder die Augen rechts und links wandern. War ihnen doch alles neu, was da in bunten Bildern wie im Guckkasten vorüberflog. Aufwärts ächzte der Zug. Im Westen stieg das Vogelsgebirge herauf, und als sie Elm erreichten, öffnete sich mit einem Schlage ein gar köstliches Gemälde in Tiefe und Ferne. Süddeutschland entbot den beiden den ersten Gruß. In der Tiefe das lachende Tal der Kinzig, südlich von den Ausläufern der Spessart umgrünt, während im Westen die Höhen des Taunus emporwuchsen. Kapellen und Burgen, Weiler und Mühlen, Dörfer und altertümliche Städtlein einten sich zu einem Wunderbilde, das einen breiten Sonnenschimmer über die Herzen der Freunde legte.

Franz drückte plötzlich dem anderen die Hand.

"Mensch, jetzt geht's los! In einer Stunde beginnen wir in Gelnhausen auf deutschen Kaiserspuren zu wandeln! So rasch kam Meister Junker damals nicht vorwärts. Heute geht's im Galopp! Sieh doch nur, wie der Zug wie eine Schlange zu Tale kriecht!"

"Mir ist's sogar, als lache hier die Sonne noch goldener denn bei uns hinter den Bergen! Jedenfalls ist dem Volke hier der Tisch reicher als bei uns gedeckt!" — — —

Der Zug hielt in Gelnhausen. Schon beim Annähern hatten die Freunde mit gesteigerter Lust das herrliche Stadtbild sich entfalten sehen, das sich ihren Augen am rechten Ufer der Kinzig bot. Am rebenbepflanzten Diedrichsberg kletterten die Häuser der ehrwürdigen Stadt hinan, droben von der weithin leuchtenden Dreifaltigkeitskirche überragt. Mit ihren vier herrlichen Türmen bildet diese Kathedrale das Wahrzeichen Gelnhausens. Wie alle Profanbauten dieser Gegend ist auch dieses romanische Gotteshaus aus dem roten Sandstein errichtet worden, den man im benachbarten Spessart brach. Der Wildreichtum des Spessart, die anmutige Gegend mochten einst Kaiser Barbarossa bewogen haben, sich hier eine Raststätte zu gründen. Nach neunstündigem Ritte von Frankfurt her, war der Hohenstaufe anfangs März 1162 zum ersten Male beim Reichsgrafen von Gelnhausen eingekehrt. Da beschloß er, daß man über dem Ort ein Gotteshaus und daneben einen Kaiserhof erbaue. Drunten aber, auf einer kleinen Insel in der Kinzig, sollte sich eine Pfalz erheben. Also geschah es. Als der Kaiser 1170 wieder hier weilte, verlieh er dem Orte reichsunmittelbare Stadtrechte. Da kamen die Bürger zu ihm und baten um ein Wappen für die junge Stadt. Lächelnd trat Rotbart mit seiner schönen Gemahlin Beatrix auf den Altan seiner Pfalz, die inzwischen fertiggestellt worden war, und sprach: „Nehmt uns als Siegel, wie ihr uns hier sehet!" Das haben die Bürger getan. Noch heute zeigt das Siegel das Kaiserpaar; in den Dörfern auf und ab der Kinzig aber hallt es heute noch in vielen Sagen wider vom Kaiser Rotbart und seiner schönen Frau. —

Oft und gern hat dann Barbarossa in Gelnhausen ge-

Ruinen der Kaiserpfalz Friedrich Barbarossas in Gelnhausen (vollendet 1170).

weilt, wohin er auch den stolzesten Reichstag berief, den bisher Deutschland gesehen hatte. Abgesehen von Würzburg besaß der Kaiser auch keine prächtigere Pfalz denn die an der Kinzig. Sein Tod fern im Morgenlande bedeutete für Gelnhausen einen gar schweren Verlust. Doch auch seine Nachfolger an der Kaiserkrone sind dem Orte treu geblieben. Das Erinnern aber an den mächtigen Hohenstaufen, den später des deutschen Volkes Sehnen in den Kyffhäuser versetzte, hat Gelnhausen mit einem unverwischbaren Schimmer umwoben. — —

Die beiden Freunde hatten den Zug verlassen und schritten nun gespannter Erwartung durch die kleine Vorstadt, über das Brückchen und durch das Stadttor in den Ort. Steil hob sich ihnen die zum Markte emporführende Straße entgegen. Bescheidene Häuser rahmen sie ein. Aus den Höfen und den offenen Werkstätten erklang das Hantieren fleißiger Bürger. Und als einmal metallischer Hammerschlag an das Ohr schlug, da stieß Franz den Freund leise in die Seite und lachte:

„Du! Horch doch! Meister Junker geht um!"

Nun hielten sie droben auf dem Marktplatze, an dem aus romanischen Tagen die ehrwürdige Kathedrale in bezwingender Formenschönheit sich erhebt, nachbarlich des ehemaligen Fürstenhauses. Sie umschritten die Bauten und ließen die Blicke bewundernd die Türme hinanklettern, dann traten sie in das erinnerungsreiche Gotteshaus ein. Als sie wieder auf dem Platze standen, zog ein bescheidenes Denkmal sie an. Auf einem Sockel grüßte sie die Erzbüste des Erfinders des Telephons, Philipp Reis. Still betrachteten sie die verhärmten Züge des Mannes. Dann sprach Ehrhardt:

„Warum läßt Deutschland so oft seine besten Männer in Elend und Jammer hingehen? Heute kann man sich unsere Welt nicht mehr ohne Telephon ausdenken, und der uns dies schenkte, starb in Not."

„Erfinderlos! Außer den etwas mytischen Kirchenheiligen, haben sie die meisten Märtyrer uns geliefert!"

Ein leiser Sommerwind sang über den hoch gelegenen Kirchplatz und die volle, warme Sonne ließ das rote Gestein der alten Bauwerke wie im inneren Feuer erglühen. Von der Stadt herauf klang das Hantieren und Leben des Alltages. Den beiden Thüringern aber lag es wie Weihe über den Seelen. In die tiefe Ferne des Südens drang ihr Blick, was die Geschichte ihnen erzählt hatte, nahm Fleisch und Blut an. Das bunte Gewimmel des Reichstages füllte die Stätte auf der sie standen; dann wieder sahen sie im reichen Troß Kaiser Rotbart hinüber zum Spessart reiten, das edle Weidwerk in den dichten Waldgründen zu pflegen. An seiner Seite aber ritt auf weißem Zelter Beatrix, die schöne Frau des hochgewachsenen Hohenstaufen. Langsam stiegen sie hinab die Straße, um draußen vor der Stadtmauer an der Kinzig hin zur Pfalz zu schreiten, deren malerische Ruinen ihnen aus dem Gewirr der Blätter winkten. Mehr denn 700 Jahre versanken vor ihnen. Das frühe Mittelalter war ihnen wieder auferstanden.

„Daß wir eine solche Kaisergeschichte haben, sollte uns doch immer wieder stolz machen, Franz!"

Am Ufer saß ein Angler und ließ die Schnur über die rasch vorübereilende Kinzig schweben. Da die Freunde bis zum Abgang des nächsten Zuges noch eine halbe Stunde Zeit hatten, ließen sie sich auch im Grase nieder. Es war so still in diesem traulichen Versteck. Der Angler war völlig mit seiner Tätigkeit beschäftigt und achtete der beiden jungen Fremden kaum. Um so geschwätziger zeigte sich der Fluß. Uralte Mären und Geschichten aus längst verschollener Kaiserzeit raunte er den Freunden zu, die aufmerksam ihm lauschten. Derweilen rückte die Sonne höher und höher an dem umbuschten Mauerwerk der zerfallenen Kaiserpfalz. Eidechsen huschten an den Steinen hin und über blühendes Brombeergebüsch taumelte ein weißer Falter. — — —

Gegen Abend war's, da der Zug, der auch die beiden Thüringer mit sich führte, über die Mainbrücke dampfte, um bald darauf in der weitgewölbten Halle des Bahnhofes Frankfurt einzulaufen. Die Freunde suchten den vorher bereits bestimmten Gasthof auf, legten ihr Gepäck nieder, um dann den ersten Rundgang durch die einstige alte Krönungsstadt anzutreten. Sie hätten mögen hundert Augen haben in dieser Stunde, das farbenfrohe, reizvollbelebte Gewühl mit eins zu erfassen. Die Pracht der neuen Straßen und Plätze mit ihren glänzenden Auslagen, den sprudelnden Brunnen, Denkmälern, den sich drängenden Menschenmassen, auf und ab surrenden Elektrischen, riß sie mehr denn einmal zur lauten Bewunderung hin. Als sie aber durch eine stillere Seitengasse gebogen waren und nun mit einem Schlage Alt-Frankfurt sich ihnen öffnete, die balkenverzierten, mit Schnitzwerk und Malereien geschmückten Häuser Stockwerk über Stockwerk sich vornüberbogen, als wollten sie neugierig schauen, was da für zwei Fremdlinge an ihnen dahinstrichen ... da wurden letztere ganz still. Wie ein Bann hatte es sich auf sie gelegt. Als redeten die Steine zu ihnen, als flüsterten aus allen Winkeln und Ecken Geschehnisse, Taten und Bilder, die längst in das Meer der Zeit versunken waren. Und dann packte plötzlich Ehrhardt den Arm seines Freundes und deutete gegenüber auf ein altertümliches Haus.

„Franz! Hier wurde Goethe geboren! Läge die Straße still vor uns ... den Hut möcht' ich ziehen!" Erregt blickte er immer noch über die Straße. „Mir ist's, als spränge jetzt das Portal auf, und heraus träte Er, im Wertheranzug, den Haarbeutel im Genick, und seine großen Augen schweiften hell und leuchtend über das Getriebe seiner Vaterstadt. Von hier zog er aus in die Welt, die er mit der Sonne seines Genius erleuchten sollte!"

„Und das große Frankfurter Kind wurde am Ende

ein Thüringer, gleich wie der Schwabe Schiller es geworden ist."

Noch lange pilgerten beide durch das enge Gassengewirr der Altstadt. Die Lichter waren längst entzündet, da sie endlich zu ihrem Gasthofe zurückkehrten. Nach dem Abendessen ging's ans Kartenschreiben. Die ersten Grüße flatterten in die Heimat zu den Lieben. Auch zu Meister Junker wanderte eine Karte. Sie zeigte ein Bild vom Römer. Über die spitzgiebligen Häuser sah man den schönen Turm des Domes ragen. Ehrhardt hatte auf der anderen Seite den von beiden unterschriebenen Vers gesetzt:

> Im Geiste wandern wir zu dritt,
> Als schrittest du in unf'rer Mitt'.
> Denk' freundlich an uns jeden Tag
> Mit einem kräft'gen Hammerschlag! — — —

Der nächste Morgen sah die beiden Freunde bereits früh auf den Beinen. Galt es doch die Zeit fleißig auszunützen. Sie wanderten zum alten Eschenheimer Tor, dem letzten Rest der mittelalterlichen Befestigung der ehemaligen freien Reichsstadt. Sie hielten ein paar Minuten vor dem Gasthofe „Zum Schwan" und blickten zu den Fenstern empor, hinter denen am 10. Mai 1871 der Friede zwischen Frankreich und Preußen geschlossen wurde. Und herauf stieg vor ihren geistigen Augen die reckenhafte Gestalt des Mannes aus dem Sachsenwalde, Otto's von Bismarck.

„Auch er war ein Schmied!" sprach Ehrhardt, „und

was er zusammengehämmert hat, wird seinen Namen durch die Jahrhunderte tragen."

In die Paulskirche traten sie ein und überblickten die Stätte, in der in den Sturmjahren Deutschlands das Vorparlament und die deutsche Reichsversammlung getagt hatte, ein Ernst Moritz Arndt zündende Worte der Nation entgegengerufen hatte. Nicht ohne Erschauern betraten sie den dreigiebligen Römer, wo im Hauptsaale die Bildnisse der deutschen Kaiser von den Wänden grüßen. Dom und Römer gehören geschichtlich ja eng zusammen. Nach der im Dom vollzogenen Krönung begaben sich Kaiser, Fürsten und der Schwarm hoher Herren nach dem Römer zum Festmahle. Draußen auf dem Römerberge aber drängte sich das festlich gekleidete Volk in dichten Haufen. Zwischen den mit OK bezeichneten Steinen ward dann die Ochsenküche aufgeschlagen. Da wurde der Krönungsochse gebraten. Aus dem nahen Springbrunnen sprudelte goldener Wein und der Schatzmeister des Kaisers warf unter das glückliche, jubelnde Volk Hände voll neu geprägter Krönungsmünzen. Und schwoll der Jubel des feiernden Volkes zu laut zum Festsaale des Römers empor, dann trat der neue Kaiser hinaus auf den Altan, sich huldvoll lächelnd der begeisterten Menge zu zeigen. — —

Durch das wunderliche Getto Frankfurts schritten besinnlich die Freunde und blieben vor manchem Häuslein stehen, aus den Falten seines zerfallenen Gesichts ein

Stück Geschichte herauszulesen. So auch vor dem Stammhause der Rothschilds.

„Merkwürdig!" lachte Franz. „Der Stammvater dieses Hauses soll jeden Bindfadenknoten säuberlich aufgeknüppert und damit den Grundstock zu seinem Vermögen gelegt haben. Ich knüppere ja auch, aber ich fürchte, die erste Million wird nie erreicht."

„Übrigens, Franz," schaltete Ehrhardt ein, „in diesem Winkelgäßchen ist auch Ludwig Börne geboren worden. Aus der Enge in die Weite!"

So waren Stunden verflossen, da sie plötzlich den Mainstrom vor sich aufblitzen sahen. An der Ecke der Gasse lag der alte Saalhof, der Königshof, den sich bereits Karl der Große hatte errichten lassen. Er und sein Sohn haben oft hier geweilt. Welch eine Flucht von Gestalten von dem halb sagenhaften fränkischen Kaiser bis zu der ehrwürdigen Lichtgestalt Kaiser Wilhelms I.! Über den breiten Strom blitzte die Sonne. Dampfer und Lastkähne durchschnitten die schimmernde Flut. Seitlich über altertümlichen Giebeln und Satteldächern hob der Dom sein gewaltiges Turmhaupt. Nun standen die beiden Thüringer auf der rotsandsteinernen uralten Mainbrücke, auf der auch die Gestalt Karls des Großen Wacht hält.

Stumm grüßten sie des Kaisers steinern Bild und stiegen dann seitlich eine kleine Treppe hinab, die zu einer mitten im Strome liegenden Insel führte. Weiden beugten sich über die Ufer. Da nahmen sie auf einem ans Land gezogenen Fischerkahn Platz. Über ihnen wogte der lebhafte Verkehr die Brücke auf und nieder. Durch die Joche drängten sich die hüpfenden Wellen des Main. Ehrhardt brach nach einer Weile die stille Betrachtung beider.

„Durch Jahrhunderte schied hier die Mainlinie den Süden und Norden Deutschlands. Heute kennen wir keine Mainlinie mehr. Blut, gemeinsam vergossen, hat uns verbrüdert und über Fluß und Brücke fort reichen sich die Stämme treu die Hände."

Es war bereits gegen Abend, da sie endlich den geweihten Raum des Domes betraten. Ehrhardt hatte den Freund gebeten, diesen Besuch bis auf diese Stunde zu verschieben. „Da kommen wir erst in die rechte Stimmung!" hatte er gemeint. Und nun schritten sie durch die hochgewölbten Hallen, die bereits im süßen Dämmerlichte lagen. Nur hoch droben drangen letzte Sonnenstrahlen durch die alten, bunten, bleigefaßten Fensterscheiben und breiteten märchenhaften Schimmer über die Wandmalereien, Schnitzereien und Heiligenbilder. Als ginge geheimnisvolles Leben durch die Gestalten, die wie aus hehrem Goldgrunde heraufzuschweben schienen. Die Freunde hatten sich die kleine Kapelle zeigen lassen, in der einst die Krönung der Kaiser vor sich ging. Nun saßen sie nahe einem Steinpfeiler in der Bankreihe. Es war ganz still im heiligen Raume. Blumenduft von den Altären mischte sich mit dem verwehenden Hauche des Weihrauchs. Eine vereinzelte Frauengestalt lag auf den Knien seitlich vor einem Heiligenbilde. Nun erhob sie sich, netzte im Weihbecken die Hand und bekreuzigte sich fromm, um dann leise hinauszugehen. Allein waren die Freunde. Stille aber redet am lautesten. Wie eine Vision tauchte es vor ihnen herauf.

Orgelton brauste plötzlich durch die aufhorchenden Hallen. Uralter Sang hob sich feierlich zu den steinernen Rippen und Wölbungen empor. Und im wundersamen Zuge schritten nun mit stillen, großen Augen Deutschlands Kaiser langsam vorüber. Das Licht der geweihten Kerzen brach sich in den goldschillernden Gewändern, dem Sammet und dem Blinkschmuck des Edelmetalles von Schmuck und Gewaff. Einer nach dem anderen zog vorüber, bis die Türen sich hinter ihnen schlossen. Sang und Orgelton verstummten. Das Innere des Doms lag fast in Nacht. Nur vereinzelte ewige Lampen und bleiche Kerzen verbreiteten matten Lichtschimmer.

Die Freunde erhoben sich. Sacht schritten sie dem Portale zu, als wollten sie nicht die Ruhe derer stören, die ihnen wie ein Traumbild erschienen waren. Draußen schlug das volle Leben Frankfurts brausend an ihr Ohr.

Ein inneres Erlebnis, ein Stück Geschichte lag hinter ihnen. — —

Viertes Kapitel

Ein früher Morgenzug trug die Freunde südlich das breite Rheintal hinauf. Am letzten Abend in Frankfurt war einmal das alte Wort von der Nibelungentreue gefallen, und plötzlich stand es in ihnen fest, nicht an Worms vorüberzufahren. Tönt doch gerade um Worms herum am lautesten noch heute das wundersame Lied von dem Reckenkampfe der blonden Nibelunge! Hier in Worms saß auf seiner Burg König Gunther; vor dem Portal des uralten Domes stritten sich einst zwei Königinnen um den Vorantritt; drüben im Odenwalde, dessen bewaldete Kuppen blau herüberschimmern, erschlug der grimme Hagen unter einer Linde den Helden Siegfried. Nahe bei Worms aber ward der unheilbringende Schatz der Nibelunge wieder in den Rhein versenkt. Uralter Kul-

turboden ist hier zu finden. Gleich wie in Aachen und
Ingelheim gründete Kaiser Karl der Große sich auch hier
eine Pfalz. Worms zählt neben Trier und Köln zu den
ältesten deutschen Siedelungen.

Dies alles gab Anregung genug den Freunden, für
ein paar Stunden in Worms Halt zu machen. Als auf
der Fahrt dahin sich ihnen zuerst der Rhein zeigte, ging
ein Ausdruck der Freude über ihre Züge. Allmählich
rückten weite Gebreiten mit niederen Rebpflanzungen
näher. Dahinter hoben die Berge der Pfalz ihre von der
Morgensonne beschienenen Häupter. Im Osten aber zeig=
ten sich die bewaldeten Höhen von Spessart und Odenwald,
an dessen westlichem Rande die von Burgen eingesäumte
Bergstraße sich entlang wandte. Jetzt hatten sie den Bo=
den Worms unter den Füßen. Und ihre Gedanken wan=
derten rückwärts. Eine Wegbiegung und vor ihnen ragte
das figurenreiche Denkmal Martin Luthers auf, aus der
Meisterhand Rietschels als letzte Arbeit hervorgegangen.
Stumm grüßten sie den deutschen Mann und feine Fäden
spannen sich zwischen dem Erzbilde, und der Thüringer
Heimat in dieser Stunde. In Möhra stand das Eltern=
haus des Reformators. Von Eisenach aus war der Schü=
ler Luther in den Ferien gar oft in das Dorf im Moor=
grunde am Westhange des Thüringer Waldes gewan=
dert, Sippe und Freundschaft zu begrüßen. In Erfurt
hatte er als Augustiner Mönch in enger Zelle mit seinem
Gewissen und mit Gott gerungen. Später war er von

Wittenberg im Jahre 1521 aufgebrochen und nach Worms gereist. Wo am Domplatz sich das Heylsche Haus erhebt, das noch auf alten Grundmauern ruht, befand sich damals der Bischofssitz. In diesem Hause stand am 17. und 18. März der unerschrockene Thüringer vor Kaiser und Reich, vor den harten Vertretern Roms. Männlich verfocht er das, was er für recht und gut erkannt. Und statt des geforderten Widerrufes bekannte er sich zu seinem deutschen Gott und schloß seine Rede, wie bekannt: „Gott helfe mir!" Und da er in die Herberge zurückkehrte, da rief er seinen harrenden Freunden sieghaft zu: „Ich bin durch!" Die Dächer hatte man damals abgehoben, den kühnen Augustiner bei seinem Einzug in die Stadt zu sehen. Nun verließ er aufrechten Hauptes Worms wieder. Aber obwohl der Kaiser ihm freies und gesichertes Geleit geboten hatte, traute man doch nicht dem Wort. Jenseits Altenstein im Thüringer Walde, ward der Reformator aufgehoben und zu eigener Sicherheit in die Wartburg eingetan, wo er als Junker Jörg lange weilte und seinem Volke die Bibel in der Muttersprache wiederschenkte. — —

Lange weilten die Thüringer Freunde vor dem Denkmale, dann ging's zum nahen Dome, dessen Schätze und Sehenswürdigkeiten ihr Interesse in Anspruch nahmen. Auch das Festspielhaus, das nach Angaben des Dichters Hans Herrig im Stile alter Mysterienbühnen errichtet und im Jahre 1878 mit seinem Festspiele „Drei Jahrhunderte am Rhein" eröffnet wurde, ward aufgesucht. Für Worms hat dann Herrig sein bestes Weihefestspiel „Luther" gedichtet, das später durch viele deutsche Städte und Dörfer seinen Siegeszug nahm. — — —

Es war Nachmittag, da die Freunde in Speyer eintrafen, auch hier noch einmal Kaisererinnerungen nachzugehen. Durch die erschütternden Ereignisse, welche die arme Pfalz, Bergstraße, Heidelberg und andere Gegenden durch die vertierten Franzosen im 17. Jahrhundert erleiden mußten, ist freilich auch in Speyer außer dem Dome nicht viel Altes übriggeblieben. Unmenschlich haben die Horden des „allerchristlichsten" Sonnenkönigs, Ludwig XIV., in deutschen Landen gewütet. Speyers Dom war die Totengruft deutscher Kaiser gewesen. Da haben französische Bestien die Steingräber gewaltsam erbrochen und die Gebeine deutscher Kaiser in alle Winde verstreut. Der Dom ist dann wieder hergestellt worden, und das noch Vorhandene ward gesammelt und ehrfurchtsvoll beigesetzt.

Eine wahre Perle romanischer Baukunst stellt der ehrwürdige Dom zu Speyer dar. Kaiser Konrad II. legte den Grundstein im Jahre 1030 zu dem hehren Gotteshause. Er fand hier seine Ruhstatt und nach ihm kamen noch Heinrich III., IV. und V., Philipp von Schwaben, Rudolf von Habsburg, Adolf von Nassau und Albrecht von Österreich. Mächtige geschichtliche Erinnerungen sind für uns Deutsche mit dem Namen Speyer verknüpft.

Lust und Wehe an deutschen Kaiserhöfen sah diese Stadt. Lange hat es damals gewährt, ehe der tote Leib des von Rom geächteten Heinrich IV. Aufnahme im Königschor des Domes fand. Und als endlich das grausame Rom die Erlaubnis dazu gab, da — so berichtet eine ergreifende Sage — habe die große Kaiserglocke von allein zu läuten angefangen und alle anderen Glocken seien darauf eingefallen. Auch Kaiserinnen fanden hier ihre letzte Ruhstatt. So Rotbarts schöne Gemahlin Beatrix nebst ihrer Tochter Agnes. Von manchem Sänger ist auch der Todesritt Kaiser Rudolfs nach Speyer gefeiert worden. Zu Germersheim war der Kaiser schwer erkrankt. Da ließ er sich auf sein Roß heben und ritt, von Todesahnungen durchschauert, hinüber nach Speyer, wo er dann auch sein reichbewegtes Leben schloß. Noch heute kann man im Dome seinen Leichenstein schauen. —

Es war eine denkwürdige Stunde, welche unsere Freunde in der Totenstadt deutscher Kaiser vereinte. Blanker Sonnenschein lag auf der stillen Straße, da sie zum Bahnhofe schritten, heute noch Annweiler am Fuße des Hardtgebirges, dem Ausläufer des Wasgau, zu erreichen. Behaglich rollte das Bähnlein unter Obstbäumen und zwischen Weingevierten hin. Immer näher rückten die drei Burgen, welche das kleine Annweiler überragen: Scharffenstein, Anebos und Trifels.

Bei Albersweiler drängt sich der Zug in das immer herrlicher sich entfaltende Tal der Queich hinein, das nun den Namen Annweiler Tal annimmt. Gar anheimelnd zeigt sich das kleine Städtlein. Quellender Laubwald legt sich um den stillen Ort, der noch manch liebes, erkergeschmücktes Haus aufweist. Heimliche Schluchten öffnen sich, von Felsgruppen durchsetzt, von munteren Bächen durchplätschert. Immer wieder aber sucht das Auge die drei Burgen auf. Es gibt keinen stimmungsvolleren Auftakt zu einer Wanderung durch den Wasgau, denn von Annweiler aus.

Der Gasthof war bald gefunden, das Gepäck abgelegt. Abendsonne hing an den Wäldern und umgürtete die Felskronen mit magischer Glut. Als die Freunde eben aus dem Städtchen bogen, deutete Franz hinüber auf ein Haus.

„Du, sieh doch, die Schmiede!" Sie traten näher und blickten ein paar Minuten in das sprühende Herdfeuer. Und ihre Gedanken flogen heim zu einer anderen Schmiede und einem deutschen Manne, der hier an der Stätte hatte einst seinen stillen Herzenskampf überwunden.

„Fragen wollen wir nicht," sagte leise Ehrhardt. „Es gleitet dann so oft der poetische Schimmer von Dingen, die wir bis dahin still verwahrt und verehrt im Herzen trugen!"

Langsam stiegen sie die halbe Stunde unter flüsternden Bäumen zum Trifels hinan. Das wüste Steingeröll unter den Bäumen machte allmählich Mauerresten Platz. Dann standen sie vor den umfangreichen Ruinen der ehemaligen Kaiserpfalz. Aus den Überresten der so stolzen Reichsfeste hat unsere besinnliche Neuzeit glücklich drei Teile wieder hergestellt. Der tiefe Brunnen ward zum Gebrauch zurechtgemacht, die Kapelle hergestellt und der herrliche Turm ausgebessert. Vor der eigentlichen Hauptburg betritt man einen grünen Plan, in dessen Runde noch Felssitze zu erkennen sind. Das Volk hat diese Stätte Tanzplatz getauft, und die hier errichtete Steinsäule verkündet in ihrer Inschrift die geschichtlichen Denkwürdigkeiten der Feste.

Die Hauptanziehung bildet der Turm, denn um ihn hat, gleich wie auf dem Kyffhäuser, die Sage ihre üppigsten Kränze gewunden. Eine hohe Treppe führt zum Eingange. Das Erdgeschoß des Turmes umschließt zwei ungleiche Räume, von denen man in das darüberliegende Stockwerk gelangt. Hier erregt in einem winzigen Gemach ein riesiger Kamin die Aufmerksamkeit. Durch eine schmale Pforte gelangt man von hier aus in ein viereckiges Gemach, dessen Kreuzgewölbe in einfach profiliertem Grabbogen aufstreben. Reste von Kelchkapitälen, wie ehemaligen Wandmalereien, sind noch zu erkennen. Hier stehen wir in dem einstigen Heiligtume der deutschen Nation, der ehemaligen Kapelle der Reichsfeste Trifels. In der Nische erhob sich der Altar mit den köstlichen Reliquien, in den Mauerblenden aber bargen sich des Reiches Kleinodien und Symbole. Hier demütigten sich die stolzen Kronenträger vor Gott; hier erflehten sie Kraft und Schutz für ihre Feldzüge, des Reiches Glanz und Größe. Ein Raum über der Kapelle wird als das Schlafgemach der Kaiser bezeichnet. An die Nordseite des Turmes schloß sich das Hohe Haus, das unter anderem auch den berühmten, auf drei Säulenreihen ruhenden Marmorsaal enthielt. All diese Pracht und Herrlichkeit hat noch lange im Bewußtsein des Volkes fortgelebt und dem Sagenbedürfnis immer neue Nahrung geboten. Mit Wehmut schaute man zu der Feste empor und wünschte im Stillen wieder jene fernen Tage herauf, die einst ein Volk groß und einig gesehen hatten.

Es ist nicht unmöglich, daß es Konrad II. war, der den Trifels erbauen ließ. Der Überlieferung nach soll von hier aus der unglückliche Kaiser Heinrich IV. seinen Büßergang nach Canossa angetreten haben. Jedenfalls sind die deutschen Kaiser immer wieder gern hier hinaufgekommen, besonders seitdem man den Trifels erkoren hatte, des Reiches Insignien zu bewahren, welche von den Mönchen des nahen Klosters Eussenthal bewacht wurden. Unter Heinrich VI. soll die Feste ihre glänzendsten Tage erlebt haben. Er war es auch, der den gefangenen englischen Königssohn Richard Löwenherz hierher führen ließ, eine Tat, die in ganz Europa Aufsehen weckte und das Interesse für den Trifels in den Vordergrund rückte. Vom Jahre 1193—1194 saß der bedauernswerte Gefangene hier broben, bis ihn in einer Nacht sein treuer

Sänger Blondel befreite. Freilich im Lichte geschichtlicher Wahrheit schmilzt so manches zusammen, was sich die nie ruhende Phantasie des Volkes zurecht gedichtet hatte.

Mit 100000 Mark Lösegeld öffneten sich dem nach Freiheit dürstenden Dichterfürsten endlich die Tore der alten Reichspfalz. Fünfzig Galeeren und ein Häuflein von zwanzig Rittern mußte der Gefangene außerdem noch dem Könige liefern. Damit hat dann Heinrich VI. seine Ansprüche auf Sizilien sich wieder erkämpft. Am 4. Februar 1194 verließ Richard Löwenherz die Feste und landete am 12. März in Sandwich, vom Jubel des Volkes umbraust.

Noch vieles ließe sich erzählen, was diese Mauern einst schauen durften. Kaiser Ludwig der Bayer hat späterhin den Trifels verpfändet, der nun an das Haus Zweibrücken kam. Allmählich verblich der hohe Glanz, der durch Jahrhunderte die Kaiserpfalz umschwebt hatte. Im Bauernkriege ward sie geplündert, später legte ein Blitzstrahl sie in Trümmer. Dann geriet sie mehr und mehr in Vergessenheit. Erst unsere Zeit, die sich wieder auf Geschichte zurückbesann, suchte wieder gut zu machen, was noch zu retten war. Wer heute droben im leisen Anwehen der schweren Baumkronen auf dem Tanzplatze sitzt oder stumm und sinnend in den Räumen des ragenden Turmes weilt, dem steigen wieder Tage voll Pracht und Herrlichkeit herauf. Dem erklingen Harfen, Schilde schlagen aufeinander, von der Jagd kehrt der kaiserliche

Troß aus den nahen Wäldern heim, und drinnen im schimmernden Marmorsaale gehen die güldenen Becher um, aus den offenen Fenstern tönt feiernde Luft über die aufhorchenden Talgründe. — — —

Auch unsere beiden Freunde hatten sich nach einem Rundgange durch die Ruinen auf dem Tanzplatze im Grase niedergelassen und lauschten dem feinen Anwehen des nahenden Abends. Die Sonne war bereits unter. Singend flogen die Vögel zu Neste. Leichte Wölkchen, rosig angeleuchtet, schwammen über den ruhigen Himmel dahin. Unter dem tiefen Eindruck der Stätte hatten sie eine Weile stumm dagesessen, jeder noch einmal das Geschaute und Empfundene an sich vorübergleiten lassend. Dann brach Ehrhardt das Schweigen:

„Gelnhausen, Frankfurt, Worms, Speyer und nun hier: es war mir wie ein Gang durch deutsche Kaisergeschichte!"

„Und morgen hebt das Wandern an! Junge, wie ich mich freue darauf!" Franz sprang auf und ließ einen Thüringer Jodler über das sacht in Träume fallende Waldtal schallen.

Noch manches gute Wort tauschten sie, bis sie endlich den Abstieg nach Annweiler antraten. Der Mond war inzwischen über den Höhen heraufgestiegen und hellte nun die Schlucht, aus der sie zum Städtchen sich wandten. Das Herdfeuer in der Schmiede war ausgelöscht. Der Mondschimmer lag auf dem Dache des Wohnhauses und hinter einem der kleinen erleuchteten Fenster gingen Schatten.

„Von hier aus nahm der Alte als Bursch seinen Weg nach Süden. Scheiden und Meiden! Das alte Lied!"

Noch diesen Abend ging ein poetischer Gruß an Meister Junker ab. Er lautete:

> Am Fuße des Trifels im Abendschimmer
> Glüht aus der Schmiede Herdfeuer noch immer,
> Wir lauschen des Hammers hellem Pinkpant,
> Den auch du hier geschwungen mit starkem Klang.
> Noch ragen die Burgen in stolzer Pracht,
> Noch rauschen die Wälder ringsum so sacht,
> Mit ihrer Wipfel heimlichen Singen
> Aus der Jugendzeit dir ein Grüßen zu bringen.

„Bravo, Junge!" sprach Franz, nachdem er die Karte unterschrieben hatte. „Das wird ihn baß freuen! Und den Abend trinkt er sicherlich einen Schoppen mehr im ‚Lamm', auf unser Wohl natürlich!"

„Ich denke, wir lassen uns noch einen kommen! Aber Berg und Tal soll's ja nun gehen, da müssen wir unbedingt Wanderheil uns zutrinken!"

Als die Gläser frisch gefüllt vom Schanktisch zurückkehrten, sahen sich die Freunde an. Ein fröhliches Leuchten brach aus ihren Augen.

„Die alten Kaiser, Ehrhardt, waren gewiß ganze Kerle. Doch ich meine unsere Zeit darf sich auch sehen lassen. Nicht?"

Ehrhardt nickte.

„Sonst hätten wir ja nicht ein neues Kaiserreich, und unsere Schiffe schwämmen nicht über alle Meere!"

„Also: auf gute Wanderschaft!"

„Wanderheil!"

Hell klangen die Gläser aneinander. — — —

Fünftes Kapitel

Fast mit der Sonne waren heute unsere Thüringer Freunde aus den Betten gesprungen. Die Aussicht auf den Beginn der so langersehnten und geplanten Wanderung hielt sie nicht länger. Als sie die Gardinen der Fenster zurückschnellten, lag goldener Sonnenschein über den erwachten Wäldern. Franz hatte ein Fenster geöffnet und sog nun in tiefen Zügen den frischen Anhauch des jungen Tages ein.

„Mensch! Heute könnte ja ich selbst zum Poeten werden! Herrgott, ist das ein Wanderwetter! Nun die Köpfe ins Wasser, Kaffee getrunken und dann Schusters Rappen zwischen die Beine genommen!" Er knallte das Fenster wieder zu und gleich strudelte das kalte Wasser ihm über Kopf und Genick. Nachdem sie unten in der Wirtsstube des „Schwan" das Morgenfrühstück einge=

nommen, die bescheidene Zeche berichtigt hatten, dem Wirte
Lebewohl gesagt, verließen sie das gastliche Haus. Draußen
auf der Gasse blieb Franz noch einmal stehen. Er winkte
zurück und übermütig erklang es von den Lippen: „Nun
sei bedankt, mein lieber Schwan!"

„Wir erregen ja aber Aufsehen, Franz!"

„Will ich auch! Wir müssen doch Eindruck schinden!
Nun noch zu einem Bäcker! Heute soll doch unsere Thü=
ringer Wurst unterwegs zu Ehren kommen!"

Als der kleine Einkauf im Rucksack verstaut war, ver=
ließen sie das Städtchen. Noch einen langen Blick auf die
Schmiede, dann hinan in den aufrauschenden Bergwald.
Ein Buchfink flog schmetternd vor ihnen empor. Und wie
im vielfachen Echo antwortete jetzt ein Chor von Finken
aus dem Blättergewirr des Hochwaldes.

„Das laß ich mir gefallen, Ehrhardt! Mit Tusch emp=
fangen zu werden ist gute Vorbedeutung! Wanderheil!
Waldauf! Hoiho!" Weit in die Tiefe scholl der fröhliche
Ruf. Beider Herzen waren so voll. Dankbarkeit saß drin=
nen und das selige Vorgefühl erfüllter Wanderfreuden.

Wieder ging der Weg an der Bergwand des Trifels
hin, bis der plumpe Steinhaufen des Anebos erreicht war.
Das Volk der Umgebung nennt diesen letzten Rest der
Burg nur den „Dickkopf". Viel weiß die Geschichte nicht
vom Anebos zu berichten, auch nicht, wann die Feste
erbaut, wann sie in Trümmer sank. Weiter ging's durch
Laubwald hin zur Burg Scharfenberg, die einst der Sitz

des Bischofs Konrad gewesen war, des getreuen Kanzlers Philipp von Schwaben. Als der Trifels in Vergessenheit geriet, schwand auch die strategische Bedeutung des Scharfenberg.

Wie schön wanderte es sich heute durch den frischen Wald! Aus dem Moose stieg der feuchte Gruß der Erde herauf. Es blitzte mit güldenen Pfeilen zwischen den grauen Buchenstämmen, und zitterndes Maßwerk malte sich auf den sonnenbeschienenen Pfaden. Als der erste Strauch einer Stechpalme sich zeigte, brachen die Freunde sich jeder ein Zweiglein und befestigten den glänzenden Blätterschmuck an den Lodenhüten.

„So, Mensch! Nun sehen wir erst wie richtige Vogesenwanderer aus!"

„Schade, daß der uralte und eigentliche Name Wasgau nicht zu Ehren kommen will! Er klingt doch weitaus schöner benn das verwelschte Wort, vor allem aber deutscher!"

Franz zuckte die Schultern.

„Nationale Untugend, lieber Kerl! Wir müßten keine Deutschen sein, um nicht alles Fremde höher einzuschätzen!"

Als sie den Wetterberg hinabgestiegen waren, strichen sie an einer kleinen Waldkapelle vorüber. Ehrhardt riß einiges Brombeergerank von einem Strauch, fügte ein paar Waldblumen hinzu und befestigte den Schmuck an dem Heiligtume.

Die Madenburg.

„Poetenart, Franz! Aber vielleicht segnet auch der Heilige unsere Fahrt."

Hoch über ihnen erglänzten die herrlichen Ruinen der Madenburg, eine der Perlen im Kranze der Burgen längs des Wasgaues. Als die Freunde droben aufatmend hielten, tranken sie mit Entzücken das weite Bild, das sich ihren Augen bot. Die Sonne vertrieb eben die letzten Nebel aus der Rheinebene. Der ganze Ostrand bis Bergzabern hin erglühte im Morgenlichte, und hinter ihnen öffneten sich Waldschluchten von Felsriffen durchsetzt. Uralt ist diese stolze Burg. Romanische wie gotische Bauteile findet man noch. Der malerischste Burgteil stammt freilich aus den Tagen der blühenden Renaissance. Auf die Herren von Madenburg kamen später die Grafen von Eschbach, denen sich die Leininger, Sickinger und Fleckensteiner anschlossen. Noch viele andere Herren haben die umfangreiche Feste dann innegehabt. Als der wilde Markgraf Albrecht von Brandenburg-Kulmbach im Jahre 1552 mit Feuer und Schwefel die Burg zerstört hatte, ließ solche der Bischof Eberhard von Dienheim um so prächtiger wieder aufbauen. Ein Stein über den zierlichen Portalen des Treppenturmes erzählt uns dies aus dem Jahre 1594. Mit Behagen erzählt aber die Chronik von Madenburg, daß die Kriegsschar des Brandenburger zwar den Bau verwüsten konnte, doch die 34 Fuder guten Weines, die im Keller lagerten, hatten sie nicht bemerkt.

„Schade, Ehrhardt, daß von diesem feuchten Funde uns

nichts mehr verblieb. So ein Tropfen käme mir jetzt recht. Ich verspüre mächtigen Hunger und werde nun mit deiner Erlaubnis die heimische Zervelatwurst feierlich anschneiden. Komm, mach' mit! Hier sitzt's sich gut. Und den Ausblick zur Bergstraße, zum Oden= und Schwarzwald erhalten wir noch gratis!" Da folgte der getreue Freund dem Vorbilde und angesichts des schimmernden Rheintales genossen sie das erste Mahl ihrer Wanderung. — —

Als Franz die Überreste wieder in den Rucksack schob, lachte er:

"Am liebsten hielt ich doch noch in den Kellereien Umschau. Man kann nicht wissen! Na, meinetwegen! Es soll mich nicht abhalten, in den Wahlspruch dieses Landes einzustimmen:

"Fröhlich' Pfalz,
Gott erhalt's!"

So, nun komm! Mich lockt's zu neuen Taten!"

Die Freunde erhoben sich. Hinab zur Waldkapelle ging's wieder. Walddörfer und Wiesengründe, Hochwald und gespenstige Felsenwirrnis lösten sich ab. Und die Sonne ging mit den Wanderern, feiner Sommerwind sang ihnen Sommermärchen ins Ohr, auf und nieder, aus Schatten ins Licht und wieder hinein in webende Waldes= wunder, so strichen die Stunden den Freunden hin. Und dann hatten sie den Lindelbronner Hof erreicht, ein trauliches Forst= und Gasthaus zugleich. Franz blieb mit gespreizten Beinen vor seinem Kameraden stehen.

„Du! Wir haben zwar Mäßigkeit schon in Rücksicht auf unsere Geldkatze uns geschworen. Da aber der Keller auf der Madenburg nachträglich sich ausgeplündert zeigte, dieses trauliche Haus hier gradezu mit Armen nach uns langt, so meine ich doch, es stünde einem paar Kerls, wie wir nun mal sind, nicht übel zu Gesicht, wenn wir den ersten Tropfen offenen Wein hier genehmigten. Meinst du nicht? Unserer erster Wandertag muß doch begossen werden. Späterhin können wir ja die Bäche des Wasgau trockenlegen. Dein edles Angesicht zeigt keine Abneigung, also..."

Die beiden Freunde traten ein, von einem freundlichen Grünrock mit Handschlag bewillkommt. Er setzte ihnen einen guten Schillerwein vor und erkundigte sich wißbegierig nach ihrem Reiseplan. Da er vernahm, sie seien aus Thüringen, wurde er plötzlich noch wärmer.

„Ich bin auch einmal flüchtig durch Ihr Land gekommen, als Soldat. Es ist schon lange her. In Eisenach hatten wir Aufenthalt. Da war ich droben auf der Wartburg." Er holte sich ein Glas Wein und stieß mit den jungen Wanderern an. „Kommen Sie her: Thüringen soll leben! Das hat unseren Luther gesehen. Hier darf man ja nicht davon reden." Die Gläser klangen hell aneinander. Und dann erzählte er den aufhorchenden Freunden von seinem Walde ringsum, der tiefen Einsamkeit, in der er hause und wie er sich freue, wenn ab und zu mal ein Mensch von draußen her bei ihm einkehre. „So, nun trinken Sie noch eins. Als meine wirklichen Gäste. Es ist so schön, in jungen Jahren hinaus in die Welt zu fahren! Da sieht alles sonnig aus. Da hängt der Himmel jeden Tag voller Geigen!"

Eine Weile saß man noch zu Dritt, bis die Freunde sich erhoben. Der Förster gab ihnen noch ein kleines Stück das Geleit, dann schieden sie voneinander. Lustig scholl der Gesang der Wanderer durch den Wald. Der alte Grünrock lauschte, bis die Ferne die Töne in sich aufnahm. Dann wandte er sich wieder seinem Hause zu. — —

Franz und Ehrhardt hatten sich hinan zu der steilen Bergkuppe begeben, auf der Trümmerhaufen noch von einer einst glänzenden Reichsfeste erzählen, dem Lindelbronner Schloß. Als ein stolzer Bau blickte es einst weit über die gesegnete Pfalz und in das romantische Dahner Felsenland. Burg an Burg zeigt sich den suchenden Augen, im Südosten rollt sich in blauen Umrissen der mittlere Teil der Vogesen auf. Als die Begründer der Feste gestorben waren, kam diese durch Kaiser Rudolf von Habsburg 1274 an die Herren von Leiningen. Bis in die Tage des ganz Deutschland erschütternden Bauernkrieges verblieb das Schloß trotz mancher Schicksalsschläge im Besitz der Grafen von Leiningen. Nun ging es in den Flammen des Aufruhrs zugrunde. Seitdem liegt es in Trümmern. Wer aber hier still niedersitzt, dem wird die alte Zeit wieder lebendig. Bunte Bilder und trutzige Gestalten ziehen über den Burghof und beleben die totenstille Einsamkeit.

Nun geht's ins Felsenland von Dahn. Allüberall ragen seltsam geformte Felsgestalten über den Wäldern empor, lugen über tief eingeschnittene Täler, und das Volk hat die meisten dieser Zacken, Altane und Schroffen mit sehr bezeichnenden Namen versehen. In diesem Felsenchaos stockt mehr denn einmal der Schritt des Wanderers und sein Auge sucht zu entdecken, ob allein nur die Natur hier wirkte, ob Menschenhand hier nicht Burgen errichtete, die dann wieder im Laufe der Jahrhunderte verfielen. Wo aber in der Tat hier sich einst Rittersitze erhoben, da hat der Mörtel nur wenig herhalten müssen. Ganze Geschosse mit Treppen, Gelassen, Portalen, Wandelgängen und Festsälen und Fenstern sind überaus geschickt in den rötlichen Sandstein eingehauen worden. Arme, wohl manchmal gepeitschte Fronende haben durch Jahre mühsam geschaffen, bis den Herrschenden ein Sitz voll Kraft und Pracht sich öffnete. So eine Felsenburg stellt auch der interessante Verwartstein dar, der ebenfalls in seinen jungen Tagen eine Reichsfeste war und dann durch Kaiser Rotbart dem Bischof Günther zu Speyer überwiesen ward. Viel Kampf und Blut hat der Verwartstein einst gesehen, und das Geklirr der Waffen durchtobte gar oft den Wald und rückte dann den Bergkegel hinauf.

Jenseits des Dorfes Busenthal erreichten unsere Freunde nun Burg Drachenfels. Wer diesen wundersamen Trümmerstumpf zum ersten Male schaut, in das Licht eines verglimmenden Tages gerückt, der erschauert unwillkürlich. Wie eine mißgestaltete Riesenfaust greift es da hinein, als wolle diese jeden zertrümmern, der sich ihr naht. Tiefer um diesen Burgrest bergen sich wild von Efeu umschlungene Burgteile, auch hier wieder geschickt in den roten Sandstein eingehauen. Durch ausgemeißelte Tore, über Treppen und durch halb verfallene Wölbungen suchten sich die Wanderer den Weg nach oben, bis sie die Kuppe mit dem Steinmal erreicht hatten. Über die Hütten von Busenberg und Schindhart schweiften ihre Blicke zu den drei Dahner Felsenschlössern, die wie hingebeizt gegen den in Glutfarben spielenden Abendhimmel standen. Aus den Siedelungen tief in der Runde erklang der Abendgruß. Eine Glocke sagte es der anderen und dann war das waldumrauschte weite Felsental wie angefüllt von süßen, himmelsuchenden Tönen. Die Besitzer des Drachenfels zählten einst auch zu der Genossenschaft des Gauerbentums, dessen Mitglieder sich verschworen hatten, sich von dem bedrückenden Einfluß der kleinen Fürsten zu lösen und nur noch dem Kaiser untertan zu sein. So ward die Ehre des einen zur Ehre aller. Alle ihre Burgen dienten fortan zur Abwehr fürstlicher Übergriffe. So bedeutsam entwickelte sich schließlich diese Rittergemeinschaft, daß sich sogar Kaiser Maximilian, „der letzte Ritter", im Jahre 1500 feierlich darin aufnehmen ließ. In den Tagen der Reformation war es dann besonders

Drachenfels.

der wackere Franz von Sickingen, der sich den Bestrebungen des Adels begeistert anschloß. Er war es, der im Jahre 1522 im „Maulbaum" zu Landau den Landauer Bund begründete. Auch die 24 Gauerben des Drachenfels hatten sich ihm eingeschworen. Acht und Aberacht ist damals wiederholt ausgesprochen worden, und die Schwerter brauchten nicht in den Scheiden zu rosten. In den harten Kämpfen gegen die verbündeten Fürsten fiel dann der brave Sickingen bei der Verteidigung von Burg Landstuhl in der Pfalz. Am 8. Mai 1523 hauchte der Freund Huttens seinen Geist aus. Von Landshut sind dann die Kriegsscharen der Fürsten auf Drachenfels zugezogen, und da dessen Belagerung nur schwach bestellt war, so ward die Steinfeste überrumpelt und ausgebrannt. Das war am 11. Mai. Ein altes Landsknechtslied sang damals davon:

"Die Fürsten zugen weiter dann
gen Trachenfels, also genannt,
das haben sie verprennet;
Gott tröst den Franzen lobesam!
sein Land wird gar zertrennet, zertrennet! — —

Die Erinnerung an diese fröhlich dreinschlagende Ritterzeit hatte die Freunde völlig in Bann getan. Fast zögernd nahmen sie von der Stätte Abschied, um sich nun über die zwischenliegenden Dörfer zum Alt=Dahner Schlosse zu wenden. Ein mächtiges Felsengebiet empfing sie, in dem die drei Schlösser einst aus dem Sandstein hervorwuchsen. Ihre Namen waren: Altthan, Greventhan und Thanstein.

Die Besitzer dieser Burgen hatten sich auch der Gaugenossenschaft begeistert angeschlossen, und so bedeutete für sie der Fall Sickingens Verlust und schwerstes Verhängnis.

Von ergreifender Schönheit offenbarte sich in dieser späten Stunde den Freunden der Ausblick in die weite Landschaft. Erst als die letzte Glut am Himmel erloschen war, traten sie den Weg hinab ins Tal der Lauter an, bis sie das friedvoll hingelagerte Städtchen Dahn erreicht hatten und im Wirtshause Einkehr für diese Nacht hielten. — — —

Lerchenwirbel empfing sie, da sie am kommenden Morgen wieder hinein in die Burgromantik des Pfälzer Ländchens tauchten. Wie reizvoll zeigte sich, rückwärts gewandt, Dahn unter dem Felsvorsprung des „Jungfernsprunges" hingeduckt. Aus den Hütten der rotgedächerten Siedelungen in der Runde stieg langsam der blaue Rauch von den Herden. Auf einer Höhe zeigten sich ihnen noch einmal in der Ferne die Burgen all, die sie von Annweiler her berührten. Als sie dann zwischen den umstrüppten Ruinen der umfangreichen Wengelnburg herumirrten, belohnte wieder ein ungeahnter Ausblick die fröhlichen Thüringer. Immer neue Rittersitze tauchten malerisch verstreut vor ihnen auf. In grünen Wogen floß der unermeßliche Wald nach Süden hin, Gipfel an Gipfel gedrängt, verheißungsvoll die begeisterten Wanderer in immer reichere Fernen lockend.

Jenseits der Wengelnburg überschritten im summenden

Hochwalde unsere Wanderer die Grenze. Bayern lag nun hinter ihnen. Das wiedergewonnene Reichsland öffnete weit seine grünen Pforten. Am sagenumflüsterten Maidebrunnen vorüber stiegen sie zur Hohenburg hinan. Vereinzelte Architekturstücke deuten auf die einst so hohe Schönheit dieses mächtigen Sitzes. Über den Toren erblickt man auch noch die Wappen derer von Sickingen, Hohenburg, Andlau und Hunoltstein. Unter den Edlen von Hohenburg hat sich besonders Konrad Puller einen guten Namen gemacht. Denn er verstand nicht nur tapfer das Schwert zu führen, sondern auch die Harfe zu meistern. Von seinen zarten Minneliedern sind uns noch fünf überkommen, die alle neben tiefem Empfinden auch einen frischen Natursinn verraten.

Die Fürsten hatten auch die Hohenburg 1523 ausgebrannt. Da erschien es später den Söhnen des wackeren Sickingen als eine Ehrenpflicht, die Feste zu altem Glanze wieder hinaufzuführen. Im prächtigen Renaissancestil ist dies geschehen, bis dann 1680 die verwilderten Scharen von Monclar den Bau in Trümmern legten. —

Von der Hohenburg wanderten die Freunde an Burg Löwenstein vorüber hinan zum Fleckenstein. Tollkühn erscheint der Plan, auf dieser Felsennadel einen Rittersitz zu begründen. Das aber macht eben die Anziehungskraft des Fleckensteins, den unsere Neuzeit durch Leitern und Treppen hat bequem dem Besucher erschlossen. Jenseits der Burg zieht sich die Straße längs der lustig

plaudernden Sauer nach Wörth, auf dessen Gefilden Süd
und Nord Deutschlands sollte im heißvergossenen Blute
den Kitt zur Einigkeit finden. Die Freunde überschritten
das Tal und wandten sich nach Schönau, das sich in
tiefstem Waldesfrieden birgt. Ist Dahn von Felsgruppen
eingerahmt, so legt sich um Schönau ein Kranz herr=
lichster Burgen. Doch wer sollte alle die Rittersitze auf=
suchen? Unsere Freunde zog es magnetisch hinan zum
Wasigenstein, um dessen rotes Gemäuer die Sagen alt=
germanischer Vorzeit noch heute geistern.

Hier lugte die Ruine Blumenstein über Wipfeln her=
über, dort starrten die Zigeunerfelsen aus dem Dickicht
empor. Höher ging der Pfad. Jetzt hatten sie die Wegels=
bacher Höhe erreicht, das Joch des Maimonts.

Wundersames Schweigen ringsum. Etwas Großes,
Wartendes, Geheimnisvolles schien in der Luft zu liegen.
Deutscher Wald mit all seinem Zauber umwob die Freun=
de. Sie meinten das Atmen der Wipfel zu vernehmen.
Jetzt aber schimmerte seitlich des Bergrückens rötliches
Gestein hervor. Ein kleiner Weiher zeigte sich den Blicken,
von tiefhangendem Gezweig traumhaft beschattet. Sie
schritten über einen dem Felsen abgerungenen schmalen
Pfad, durch eingehauene Tore und Gänge ging es zwischen
der Ober= und Unterburg hindurch, so fast zögernd die
Stätte umkreisend, um welche uralte deutsche Heldensage
unsterbliche Poesie kränzte. Und als sie das Ruinenfeld
genugsam beschaut hatten, warfen sie sich im Waldes=

schatten im Angesicht der Ruine ins Gras und ließen im Geiste vorüberziehen, was das „Waltharilied" vom Wasigenstein vermeldet.

Vom Hofe des Hunnenkönigs Etzel war Hagen von Tronje geflohen, wo er mit Walthari und dessen Geliebte Hildegund als Geiseln geweilt hatten. Da rafft Walthari reiche Schätze zusammen und begibt sich mit der Geliebten auch auf die Flucht. In das Wälderdickicht ging der Weg. Am Wasigenstein verschanzt sich das Liebespaar. Als nun Gunthari, der Sohn Gibichs, von den Schätzen erfährt, da sammelt er eine kleine bewaffnete Frankenschar und rückt gegen die Jochhöhe des Maimonts hinan. Beim Herannahen des Feindes vermeint Hildegund, Hunnen seien es und sie bittet den Geliebten, daß er sie töte, damit sie nicht in die Hände dieser Barbaren falle. Lachend aber entgegnet ihr Walthari, daß es Nibelfranken seien und sein alter Waffenbruder Hagen sei auch dabei.

Auf die Aufforderung Guntharis, Geschmeide sowie die Jungfrau auszuliefern, gibt Walthari eine tapfere Antwort. Hagen steigt vom Roß und setzt sich ins Gras, dem nun beginnenden Kampfe zuzuschauen. Gunthari aber feuert seine Mannen an, die bei der Beschränktheit des Pfades immer nur einzeln vordringen können. Mann auf Mann erschlägt nun Walthari. Auch ein Neffe Hagens ist gefallen. Die Sonne geht zur Rüste, und auf dem Plane liegen die toten Helden. Da verbündet sich der grimme

Hagen mit dem Nibelfranken. Am nächsten Morgen zieht Walthari den Kriegsschmuck aus, bewaffnet sich selbst mit der einen Rüstung. Vier Rosse belud er mit der anderen Beute, dann setzt er Hildegund auf ein Roß, das sechste benutzt er selbst. Gunthari und Hagen scheinen abgezogen zu sein. Durch den morgentlichen Wald geleitet der junge Held das teure Weib, als plötzlich die versteckt gewesenen Gegner ihm entgegensprengen. Nun kommt es zu wundervollem, heroischem Kampfe, in dem Gunthari ein Bein abgehauen wird, Hagen ein Auge, Walthari selbst die rechte Hand einbüßt. Es sitzen die drei Helden im taufeuchten Grase des Maimonts, Hildegund stillt mit Blumen und Blättern das Blut der Wunden, während die drei Helden sich im wilden Humor ergehen. Altgermanische Natur offenbart sich hier in hinreißender Größe, während die Becher Weines unter ihnen kreisen. Der Bund der Blutsfreundschaft wurde unter den rauschenden Wipfeln erneuert, dann schieden sie in Frieden voneinander. Walthari führt die Geliebte nach Aquitanien, wo die Hochzeit bald ausgestattet wurde. Dreißig Jahre hat dann Walthari als ein glücklicher König über sein Volk geherrscht. — —

„Franz! Diese Stunde bleibt unvergessen! Die Jahrhunderte sind hier oben wie spurlos vorübergegangen."

„Dank vor allem dem wackeren Mönch Ekkehard in St. Gallen, der uns die Heldenmär dichtete, und unserem Scheffel, der ihr neues Blut eingoß!"

Nur schwer trennten sich die Freunde von dieser seltsamen Stätte. Mehr denn einmal wandten sie sich um, bis der Hochwald seine grünen Pforten hinter ihnen schloß. Aber die nach Bitsch führende Straße schlugen sie die durch das Jägertal nach Niederbronn sich wendende Straße ein. Hier grüßte im Abenddämmer Burg Wineck, dort Burg Schöneck. Auf und ab ging ihr Weg. Sie sahen die Ruinen der Doppelburg Alt- und Neu-Windheim sich von dem mehr und mehr verblassenden Himmel dunkel abheben. Die Heimchen zirpten im Grase, langsam schwamm der Mond herauf. Unendliche, weite Stille rührte sie an. Die Freunde hatten sich in der weichen Sommernacht Zeit genommen. Endlich aber blitzte ihnen ein erstes Licht entgegen. Der kleine Ort Jägerthal war erreicht.

Hinein in den schlichten Gasthof. Bald saßen sie drunten im Gastraume und fühlten, daß hier einst Frankreich das Zepter geschwungen hatte. Die wenigen Gäste vergnügten sich am Dominospiele und rauchten ihre kurzen Pfeifen dazu. Deutsch und Französisch wirbelte in der Unterhaltung durcheinander. Aber es war Französisch, das den Freunden Gänsehaut erzeugte.

Als sie die Treppe später hinauf zu ihrem Zimmer stiegen, meinte Ehrhardt:

„Da müssen wir uns mit unserem Schulfranzösisch verkriechen."

„Allerdings! Gegen dieses strafwürdige Ditsch kommen wir nicht auf! Nicht Fisch noch Fleisch! Halb gar! Ein Grenzkauderwelsch, daß man Haare lassen könnte! Nicht wahr, alter Herr?" Er nickte dem Vollmonde zu und schloß das Fenster. — — —

Sechstes Kapitel

Als am nächsten Morgen unsere jungen Freunde aus dem Tale des Schwarzbaches, in dem sich der kleine Ort Jägerthal nebst einem prächtigen Schlosse der Familie von Dietrich bettet, die jenseitige Talwand emporstiegen und nun durch Buchenwaldungen südlich weiter strebten, geschah es wieder im Vorgefühl großer Erwartungen. Hatte gestern der Zauber altgermanischen Heldengeistes um sie gespielt, heute wollten sie über Stätten schreiten, getränkt von deutschem Blute und umweht von Heldentaten ihres eigenen Volkes. Als der Wald sie endlich frei gab, öffnete sich vor ihnen in der Tiefe ein weit gewelltes Gelände, das sich zwischen Niederbronn, Reichshofen, Wörth und Weißenburg ausdehnt, bedeckt mit Denkmalen und Ehrenzeichen, Massengräbern und dörflichen Siede=

lungen, deren Namen alle mit Erinnerungen an große und schmerzvolle Waffentaten dauernd verknüpft sind, aus deren blutiger Saat erst die langersehnte deutsche Einigkeit sollte hervorblühen. Auf den glorreichen Sieg der Franzosen bei Saarbrücken waren heroische Schlachttage gefolgt. Die Schlacht bei Weißenburg, Wörth und die Erstürmung der Spicherer Höhen hatten wehevolle Wunden bei Freund und Feind geschaffen, doch auf den blutdampfenden Feldern der deutschen Waffenehre hatten sich die deutschen Brüder endlich wiedergefunden. Der deutsche Michel war aufgewacht und reckte die Fäust dräuend gen Westen. Und von Schlacht zu Schlacht, von Sieg zu Sieg sollte es nun weitergehen, bis Paris unser war, bis deutsche Fürsten dem König Weißbart jubelnd die deutsche Kaiserkrone antrugen. In Berlin aber sang man die lustige Weise, welche durch die Reihen unserer tapferen Krieger täglich scholl:

> „Unser Königsohn von Preußen
> — Friedrich Wilhelm tut er heißen —
> Schlug bei Wörth den Allerwert'sten,
> Der Franzosen Hochgeehrt'sten:
> Mac Mahon! Mac Mahon!
> Fritze kommt und hat ihn schon." — —

Wie im Fluge war den Freunden dieser Tag durch die Finger gleichsam geglitten, da sie Stunde auf Stunde an den geheiligten Stätten vorüberzogen. Was ihnen daheim aus Elternmund, aus der Schule und Geschichte von jenen großen, stürmenden Tagen des herrlichen deutschen Einigungskrieges war bekannt geworden: nun hatten sie selbst den einst so furchtbar aufgewühlten Boden unter ihren Füßen. Sie meinten den Donner der Geschütze wieder zu vernehmen, der die Berge schüttern machte. Hornsignale, Pferdegewieher, Kommandorufe, das Geschrei der sieghaft vorwärtsdrängenden Kolonnen, die Weherufe der Verwundeten ... alles mischte sich für sie zu einem lebensvollen, ergreifenden Schlachtenbilde. Fahnen wehten auf und sanken nieder, die Mitrailleusen spien Kugelregen, Bajonette blitzten, Säbel klirrten aneinander. Über Gehöften stiegen vernichtende Rauchwolken auf und die Landstraße her wälzte sich ihnen ein langer Zug Gefangener, Franzosen, Turkos und Zuaven, dazwischen. Blutige Gesichter, verbundene Gliedmaßen, dahinter Wagenreihen, auf deren Strohschütten die schwer Getroffenen zum Verbandsplatze oder ins Lazarett geführt wurden. Die Freunde lasen die Gedenktafeln, die rühmend Freund und Feind gleich gerecht wurden, und über ihre jungen Seelen ging zum ersten Male ein tiefes, ernstes Ahnen, von der furchtbaren Majestät des Krieges, seinen Schrecken und seiner heiligen Erlösung aller guten, hohen Triebe in der Menschenbrust. —

Es war ein in sich gefriedigter Abend, da die beiden langsam am Falkensteinbache aufwärts zurück nach Niederbronn schritten. Letzte Lerchen wirbelten über den Ackerbreiten, die der Reife und Ernte im weichen Sommerwinde entgegenrauschten. Was der Krieg zertreten, das hatte Menschenfleiß und Menschenhoffen wieder aufgebaut. Und die Natur sprach den Segen darüber.

„Hierher sollte man alle führen," sagte Ehrhardt, „die sich heute auflehnen gegen alles, was einst deutschen Herzen heilig war. Die Hügel mit ihren Toten, die Gedenksteine, sie reden mehr als Menschenzungen vermögen. Wir beide haben die große Zeit nicht mit erlebt, aber ein inneres Erlebnis wird uns dieser Tag für immer bleiben!"

Sie schlenderten noch eine Weile durch den Kurort, der sich schon zur Römerzeit der Gunst erfreute, daß die kurznackigen, dunklen Eroberer sich hier Luxusbäder errichteten, den verweichlichten Leib zu pflegen. Das war bereits vor zwei Jahrtausenden, doch noch heute findet man immer wieder Münzen aus jenen Tagen, da der Fuß des Römers sich hier festgesetzt hatte. —

Am nächsten Morgen stiegen die Freunde zur Wasenburg empor, einem Glanzpunkt der burgenreichen Umgebung von Niederbronn. Hoch über dem Südrand des Falkensteiner Tales, in rötlich schimmernden Massen horstend, war die Feste einst bestimmt, den nach Bitsch führenden Talpaß zu beschützen. Noch heute erkennt das Auge drei Stockwerke, zum Teil zierlich mit Steinmetzkunst geschmückt. Bietet bereits der Aufstieg wundersame Ausblicke, so eröffnet sich droben ein Bild von gewinnender Schönheit. Dann aber sucht der Besucher die Stelle, von der einst Goethe in „Dichtung und Wahrheit" berichtet:

„So verehrte ich auch, als wir die nahegelegene Wasenburg bestiegen, an der großen Felsenmasse, die den Grund der einen Seite ausmacht, eine gut erhaltene Inschrift, die dem Merkur ein dankbares Gelübde abstattet". Ziemlich hoch in den Felsen eingehauen, entdeckt das Auge folgende römischen Worte, die statt abgekürzt, ausgeschrieben lauten:

„Deo Mercurio Attegiam teguliciam compositam Severinus Satullinus Caii Filius ex voto posuit lubeus, libeutor, morito."

Franz hatte in dem Führer geblättert, hob jetzt den Kopf und deutete hinauf.

„Du, das vierte Wort ‚teguliciam' soll schon seit Auffindung dieser Römerschrift gar viele philosophische Köpfe in Verwirrung gebracht haben. Zu schade, daß wir unseren guten Professor Knaller nicht bei uns haben. Ich würde mich an seiner Verlegenheit weiden! Kann's ihm noch nicht vergessen, wie er uns das letztemal zwickte!"

Nicht nur die Inschrift erzählt von fernen Römertagen, auch die verschiedenen Funde, Teile von Bildsäulen und sonstigen Verzierungen reden davon, daß sich an dieser Stelle zuerst ein Tempel erhob, auf dessen Mauern dann später die Feste emporwuchs. Französische Mordbrenner machten dann aller Herrlichkeit ein Ende.

Stundenweite Waldeinsamkeit legte nun ihren grünen Mantel um die Freunde, da sie den Höhenzug zwischen dem Falkensteinbach und der Zinsel hinschritten. War das ein Wandern heute wieder! Alle Poesie deutschen Hochwaldes ließ ihre Lichter spielen, entfaltete tausend Wunder und goß einen warmen Strom von Glück in die Herzen der Freunde. Hinan ging's zum Wasenköpfel, dessen Gipfel einen Steinturm trägt und zu Ehren des Elsäßer Sagensammlers Stöber eine Gedenktafel zeigt. Noch einmal entrollt sich von hier droben das weite Schlachtfeld von Wörth, zu den Zitadellen Bitsch und Lichtenberg wandert das Auge und senkt sich dann mit Entzücken in die schier unermeßlichen Waldmassen des Wasgau. Auch zur heimlich umbuschten Ruine von Groß-Arnsberg wandten sich die Freunde. Die einst hier droben hausten, die Feßler von Arnsberg, sie führten als Helmzier ein gelbes Faß mit roten Reifen. Das gab dem Volke reichen Sagenstoff, und es blieb nicht aus, daß die Ruinen immer wieder von Schatzgräbern heimlich durchwühlt wurden. Denn ging's nach den alten Mären, die heute noch leise von Mund zu Mund schwirren, so müßten die verschütteten Keller Berge von Gold bergen. Doch auch ungeheure Mengen edelsten Weines soll die Ruine noch versteckt halten. In einem guten Weinjahr verbreitet sich zwischen den grünumsponnenen Mauern gar köstlicher Weinduft.

Während Ehrhardt auf einem Steinwürfel im Burghofe saß und die Karte studierte, war Franz schnuppernd im Kreise herumgestrichen. Jetzt ließ er sich neben dem Kameraden nieder.

„Hm!" grollte er mit schelmischem Augenzwinkern. „Das Wetter ist gut, an Burgen fehlt's nicht, der Romantik zu huldigen ... aber, mein lieber Junge, mit dem Wein haben wir entschieden Pech. Oder kannst du etwas davon erschnüffeln? Ich bin bereit, sofort Nachgrabungen anzustellen!"

„Schade, daß wir keine Zupfgeige mit uns führen! Das hätte manchen vergrämten Burggeist freigebig gemacht, zum mindesten aber würden wir da und dort einen Becher Weines uns ersungen haben!"

Sie sprangen beide auf und verließen das Gemäuer.

„Weißt du auch, edler Dichter," lachte Franz, „daß uns bis Lichtenberg auf lange Stunden nicht ein einziges Wirtshausschild winkt? Ich schätze sicherlich die klaren Eigenschaften des Wassers, aber ... ist's dir recht, so machen wir den kleinen Umweg zum Forsthaus Daumen. Das ist gut kaiserlich, da soll ein Tropfen fließen. Herrgott, man muß doch am Ende landesüblich sich versorgen. Ging's durch Grönland, tränken wir eben Lebertran, hier aber lockelt der Wein überall. Er gehört zum Wasgau."

„Meinetwegen also gen Forsthaus Daumen!" Und als auf einer Lichtung das erkorene Ziel herüberschimmerte, da setzten die Freunde zweistimmig zum Wanderliede an.

„Nur weiter, weiter, mein Junge! Ist das Lied zu Ende, nochmals von vorn. Vielleicht ersetzt es uns die von dir betrauerte Zupfgeige! Ein Ahnen dämmert in mir auf, als winkt uns das Land der Verheißung. Ich denke,

wir sind nicht solche Feigmätze wie die Herren Josua und
Kaleb und kehren angesichts des Gelobten Landes um!
Siebenter Vers! Los!"

Zwischen den Stämmen hin scholl die kräftige Weise
des alten Arndt, ja, die Stimmen wuchsen an Macht, je
näher das Forsthaus rückte:

"Was ist des Deutschen Vaterland?
So nenne endlich mir das Land!
"So weit die deutsche Zunge klingt
Und Gott im Himmel Lieder singt!"
Das soll es sein, das soll es sein,
Das, wack'rer Deutscher, nenne dein!" — —

Im Forsthause war es inzwischen lebendig geworden.
Ein paar Hunde schlugen an. Einer von ihnen, ein brauner
Dackel, flitzte herbei und umkreiste mit hastigen Fragen die
Ankömmlinge. Hinter dem Gartenzaune erhob sich die
Gestalt eines Mädchen, aus der Haustür aber trat jetzt
ein Forstmann und sicherte mit den grau umbuschten
Augen unter den Bäumen hin.

Jetzt traten unsere jungen Freunde auf die Lichtung
und zogen, näherschreitend, die Lodenhüte gar höflich.

"Willkommen!" rief der Herr des Hauses. "Wer so
fröhlich des deutschen Vaterlandes gedenkt, dem darf
sich kein kaiserliches Forsthaus verschließen."

Franz knuffte heimlich den Freund in die Seite, dann
bat er gar ernsthaft um Milch.

"Milch?" Der Grünrock zog ein wenig verwundert die
Brauen empor. Es zwinkerte eigentümlich in den Augen=

winkeln. „Können Sie selbstverständlich auch haben. Frisch gemolken sogar. Aber..." Er klopfte freundschaftlich Franz auf die Schulter, „ich hab' das bestimmte Gefühl, als würden Sie ein Glas trinkbaren Elsäßer auch nicht stehenlassen."

„Stimmt! Stimmt auffallend!" Wieder ein heimlicher Knuff gegen Ehrhardt.

„Singen macht Durst!"

„Wandern zur Sommerzeit nicht minder!"

„Überhaupt zwischen Niederbronn und..."

„Weiß alles! Nur hinein!"

Der kaiserliche Forstmann rief nach einer Flasche Wein und drei Gläsern. Lächelnd wandte er sich dann zu den Freunden:

„Braucht nun aber nicht zu denken, es gibt einen Dreimännerwein, wo zwei immer den dritten halten müssen, damit er ihn hinein bringt!"

Das war ein fröhliches Bechern und Erzählen! Als der Hausherr erfuhr, daß die Wanderung bis in die äußerste Ecke Deutschlands gehen sollte, da sagte er schmunzelnd:

„Das ist ein weiter Weg noch, meine lieben Herren! Ich glaube daraufhin dürfen wir uns schon noch nach einer zweiten Flasche umsehen. Mit ihrer Zustimmung also...?"

Wie rasch war die Stunde der Rast doch entflohen! Man schüttelte sich die Hände, und lebhafter Dank für die gastliche Aufnahme erklang von den Lippen der Wanderer.

„Bei Lichtenberg werden Sie die Augen aufreißen! Das geht jedem so. Da predigen auch mal wieder die Steine, wie an so vielen Stätten im Wasgau. Und nun gute Reise!"

Nochmals Händedruck. Die Hüte flogen in die Luft. Dann tauchten die Freunde in den Wald, aus dem es nun hell im Liede zurückgrüßte.

„Jung sein, bleibt doch alles!" murmelte der Förster leise. Dann pfiff er seinen Hunden und betrat das Haus wieder.

Die Freunde aber sangen aus Herzenslust, ein Lied an das andere knüpfend.

„Siehst du, mein Junge, das haben wir auch ohne Zupfgeige famos gedeichselt! Der wackere Mann soll bedankt sein. Vergessen wir einen Kartengruß nicht! Oder wäre dir ein Pott Kuhmilch lieber gewesen?"

Statt aller Antwort stimmte Ehrhardt heiter an:

„Bekränzt mit Laub den lieben vollen Becher
Und trinkt ihn fröhlich leer! — —"

War das ein lustig Wandern! Als schritte das Glück in eigener Person vor ihnen flötend durch den aufhorchenden Wald! Ein Schwingen war über ihre Seelen gekommen, als federte der Boden unter ihnen, als hätte der Himmel seine schönsten Lichter aufgesetzt und an allen Ecken und Enden flatterten Fahnen der Freude durch den bunten Sommertag. Und dann standen beide Freunde plötzlich wie gebannt und starrten auf das Bild, das sich wie aus der Erde gestampft vor ihnen düster und schicksalsschwer zeigte, da sie um eine Felsbiegung sich gewandt hatten. Mit angedunkelten Mauern, zerschossenen Türmen, Giebeln und Brustwehren starrte jenseits Wiesen- und Ackerland Schloß Lichtenberg empor, die Zitadelle und der Mittelpunkt des ehemaligen „Hanauer Ländchens". Der Ernst, der diese im großen deutschen Kriege zertrümmerte Feste umschwebt, hat etwas Ergreifendes. In dieser Stunde aber, da drüben über Lothringen fern im Westen die Sonne langsam niederging, offenbarte die Stätte gedoppelte Schönheit.

Das Freie ihrer Lage steigert noch die Wirkung des überraschenden Bildes. Lange haben einst hier droben die Herren von Lichtenberg gehaust, und wer in der Chronik dieses Hauses blättert, der findet sogar manchen romanhaften Zug, Kapitel voll packender Dramatik. Später kam der feste Sitz an die Grafen von Hanau. Sie ließen die Burg gar herrlich ausgestalten und der alte Merian hat uns aus jenen Tagen ein gutes Konterfei hinterlassen. Über einem Portal liest man noch die Jahreszahl 1575. Ludwig XIV. ließ das köstliche Renaissanceschloß 1678 erst zusammenschießen und dann durch Vauban eine feste Zitadelle daraus machen. Später empfing Lichtenberg eine kleine Truppe Liniensoldaten, die zeitweise von Lützelburg her ausgewechselt wurde. Am 6. August 1870 dröhnte von Weißenburg herüber dumpfer Kanonendonner in die Einsamkeit der Zitadelle. Das Gewitter zog herauf. Bang-

6*

nis und Schrecken überflog die Gemüter von Schloß und Dorf. Der damals in Lichtenberg wirkende evangelische Pfarrer Ed. Spach hat ein sehr fesselndes Tagebuch darüber hinterlassen.

Näher und näher wälzte sich der Gruß der Geschütze aus der Tiefe. Und dann tauchen die ersten französischen Flüchtlinge auf, verwundet, erschöpft, die Kleidung zerrissen. Ingrimmig kommt es von ihren Lippen:

„Tout est perdu!"

Noch will niemand an die ungeheure Schreckensbotschaft glauben. Aber die Krieger erklären bestimmt:

„Nous avons perdu la bataille! Les Prussiens sont sur nos pas!"

Im Burghofe stehen die Truppen marschbereit, die Kanonen werden geladen, die Fallbrücke wird rasch instand gesetzt. Das verzweifelte Dorf klammert sich an den tapferen Pfarrer, der in diesen Tagen sich als ein stiller Held erwies. Immer dichter drängen nun Scharen besiegter Franzosen, Turkos, Reiter und Fußvolk heran, immer furchtbarer bestätigt sich die Kunde von dem ungeheuren Verluste, der Mutlosigkeit der Flüchtenden. Hatte doch alles von einem Siegeszuge nach Berlin geträumt, lachend gesungen und gescherzt. Und nun war das Geschick hereingebrochen wie eine Wetterwolke. Das Drama von Frankreichs Erniedrigung hatte eingesetzt. Deutschland hatte den Weg beschritten, der es zu innerer Eintracht, zur Erhöhung, zur strahlenden Größe eines Kaiserreiches führen sollte.

Wehevolle Tage hat damals Lichtenberg schauen müssen. Der Kronprinz von Preußen hatte Befehl gegeben, die Zitadelle Lichtenberg zu zerstören. Am 9. August erschienen die gefürchteten Prussiens, eine Abteilung Württemberger unter Führung des Generals von Hügel. Sieben Uhr morgens eröffneten sie das Feuer. Tollkühne rückten bis unter die Mauer, nachdem sie erfahren, daß das Dorf nicht von feindlichen Truppen besetzt war. Die Eingeschlossenen wehrten sich verzweifelt. Um 4 Uhr nachmittags stand die Zitadelle in hellen Flammen, immer noch verteidigt von dem Häuflein Franzosen, während in den Kasematten das Stöhnen der Verwundeten mit dem Jammergeschrei der hieher geflohenen Dorfleute sich mischte. Gegen Abend übergab endlich der tapfere Sous-Leutnant Archer die Feste. Tags darauf wurden die Toten begraben, und über Freund und Feind hielt Pfarrer Spach eine ergreifende Rede.

Seit jenem 9. August 1870 ist Lichtenberg Ruine geblieben. Als ein ernstes, ergreifendes Denkmal an Frankreichs Übermut steigt sie mit den geborstenen Mauern über Feldbreiten und Wäldern empor, von wehevollen Tagen, von Treue und Tapferkeit dem Wanderer erzählend. — —

Die Freunde hatten diese Nacht Unterschlupf im Dorfe Lichtenberg gesucht und wanderten am kommenden Morgen über den Rauschenberg, dann das Modertal überschneidend, zur ehemaligen Festung Lützelstein. Diese Zitadelle beherrschte bis zum Jahre 1870 die Straße Hagenau—Saargemünd. Sie trotzt hoch über dem Städtchen. Gleich Lichtenberg ging dieser Befestigungspunkt aus einem uralten Herrensitze hervor, von dem die Überlieferung vermeldet, daß er in seinen ersten Anlagen bereits unter Karl dem Großen entstanden sei. An dem gleichen Tage, da Lichtenberg den Flammen übergeben ward, übergab sich Lützelstein ohne jeden Schwertstreich dem heranrückenden Feinde. Seitdem hat er aufgehört, ein militärischer Stützpunkt zu sein. — — —

Über das Dorf Eschburg erreichten unsere Freunde das Graufltal, hier in der kleinen Siedelung gleichen Namens, wohl auch nur Graufel genannt, die merkwürdigen Höhlenbewohner aufzusuchen. Denn hier, vielleicht einzig in Europa, haben sich seit Jahrhunderten arme Handarbeiter ihre Behausungen in den Felsenlöchern begründet, nur da und dort mit wenig Mauerwerk die Lücken füllend. Nach ihren Angaben soll es sich im Winter warm hier hausen, während des Sommers brütende Hitze nicht empfunden wird. Freilich die Gesundheit ist nicht mit in diesen wenig menschenwürdigen Wohnungen eingezogen. Aber die Not zeigte sich als Gebieterin.

Von hier ging es durch das liebliche Zinseltal, über den großen Fallberg, bis die Freunde die berühmte „Zaberner Steige" erreicht hatten und nun gehobenen Sinnes hinab nach Zabern schritten, dem „Tres Tabernae Caesaris",

aus dem im Laufe der Jahrhunderte die deutsche Zunge
dann Zabern formte. Zwei Jahrtausende bildete bereits
dieser Paß von Zabern eine Eingangspforte zum grünen
Wasgau, ein Tor zwischen Germanien und Gallien,
Frankreich und Deutschland. Um den Rhein mit der
Mosel, Straßburg mit Metz und Trier zu verbinden, schuf
man hier am niedrigsten Vogesenübergange eine Heer-
und Handelsstraße, welche bereits den alten Wegebauern
alle Ehre machte. Späterhin ist sie unter Frankreich noch
kunstvoller ausgebaut worden und galt bis in unsere Tage
als eine Sehenswürdigkeit. Begeistert schrieb selbst ein
Goethe einst von dieser „Zaberner Steige".

Und was ist im Laufe der Jahrhunderte nicht alles
durch diesen Paß gezogen! Fremde, wilde Kriegsscharen
aller Nationen, Haufen von Pilgern, sich geißelnde
Besessene, und dann Frankreichs Truppen selbst immer
wieder, so oft es dem gallischen Hahn nach einem fetten
Bissen gelüstete! Und als Burgen und Städte verwüstet waren, die Pfalz an den Bettelstab gebracht, Heidelberg in Trümmern lag: da kam der allerchristliche König,
der Sonnenkönig Ludwig XIV, von Paris herüber, sich
des Werkes seiner Bluthunde zu freuen und das herrliche, so grunddeutsche Land an Frankreich nun zu reißen.
Da er die Zaberner Steige hinabfuhr und nun mit einem
Schlage das in Sonnengold gebadete Rheinland vor ihm
strahlend ausgebreitet lag, am Horizonte begrenzt von den
dunklen Wellenlinien des Schwarzwaldes und Odenwal-

des, da ließ er stillhalten. Er bewunderte lange das einschmeichelnde Bild und rief dann entzückt aus: „Quel beau jardin!" Dieses Zauberbild ist geblieben. In der Tiefe ruht das lachende Zabern, seitlich des Zorntales steigen die Ruinen des Greifenstein, die Doppelburgen von Geroldseck und dann die köstliche Ruine von Hohbarr herauf, Hohbarr, „des Landes Auge", noch in seinen gewaltigen Trümmern von einstiger Macht und sieghafter Schönheit so beredt erzählend.

Auch unsere jungen Freunde hat sich eine gewisse gehobene Erregung bemächtigt. Jetzt hielten sie Einzug in die Stadt, die mit dem Kranze ihrer landschaftlichen Perlen ringsum als ein wahres Schatzkästlein des Elsaßes bezeichnet werden muß.

Zabern-Saverne, das sei hier vorausgesetzt, war nie der Sitz eines Grafengeschlechtes von Saverne, und alle frommen Mutmaßungen, daß hierherum der Schauplatz von Schillers rührender Fridolinsage zu suchen sei, ist zurückzuweisen. Als ein römisches Kastell finden wir Tabernis bereits im ersten Jahrhundert christlicher Zeitrechnung. Diese Anlage erhob sich in der jetzigen Oberstadt. Mehrfach sind um diesen Besitz heftige Kämpfe mit den anbringenden Alemannen ausgefochten worden, die aber immer wieder mit einer Niederlage der deutschen Dickschädel endeten. Dann sank der Stern Roms. Europa erfuhr eine mächtige politische Umwälzung. Zabern ward später eine deutsche Stadt und blieb deutsch, trotz aller immer wieder hervorbrechenden Übergriffe Frankreichs. Erst als durch Verrat und die Zerrissenheit der deutschen Nation ein Ludwig XIV. sich zum Herrn machte, da verlor es seine Zugehörigkeit zum Mutterlande und die mehr als 200jährige Zugehörigkeit zu Frankreich verwischten dann, wie im übrigen Elsaß, die Treue und das Gefühl der Verwandtschaft an Deutschland. Tat doch besonders im 18. Jahrhundert Frankreich alles, Handel und Wandel im Elsaß zu heben! Heer= und Wasserstraßen wurden angelegt und auch sonst empfing das Land bedeutende Erleichterungen. Da schlief die Liebe zum alten deutschen Vaterlande ein, das sich einst in den Tagen der Not und Sorgen nicht um diese vielleicht schönste Provinz bekümmert hatte. — —

Nicht allzuviel hat sich aus alten Tagen in dem glänzend aufblühenden Zabern erhalten. Einige hübsche altertümliche Häuser, ein paar sehr sehenswerte Kirchen, dann aus dem Ende des 18. Jahrhunderts der ehemalige Bischofspalast, der heute militärischen Zwecken dient. Was Zabern so hohen Reiz verleiht, das ist seine wundervolle Lage inmitten eines Halbkranzes von Burgen gezierter Waldberge und der schier unermeßliche Ausblick über das fruchtbare Rheintal, mit den blauumdufteten Gebirgszügen am Horizonte. Fast überreich ist die Stadt an Ausflugszielen. Bemerkenswert bleibt aber auch der Rhein—Marnekanal, ein kleines Wunderwerk der Wasserbaukunst. Er teilt das bei Zabern ins offene Land mün=

bende enge Tal mit der Zorn, der Straße sowie der Eisenbahn. Dieser Wasserweg, der in der Stadt eine Doppelschleuse zum Heben der Lastschiffe aufweist, verbindet das Rheintal durch die Vogesen hindurch mit Paris und somit auch mit dem Atlantischen Ozean. Zumeist verkehren auf seinem Wasserrücken die schmalen Schiffe, welche die Erträgnisse der Sandsteinbrüche nach Osten und Westen führen.

Als unsere jungen Wanderer die Stadt durchstrichen hatten, wurde Kriegsrat gehalten.

„Alles in der Umgebung können wir nicht ausnützen. Dazu mangelt uns die Zeit!" meinte Franz. „Es ist immerhin noch eine Strecke bis Pfirt, und der alte Onkel will uns am Ende auch etwas länger haben, denn nur auf einen flüchtigen Besuch."

Ehrhardt sah nach der Uhr. Dann sagte er:

„Müde sind wir nicht und der Sommertag ist lang. Ich denke, wir klettern erst mal hinüber zum Greifenstein, halten Umschau und nehmen, langt die Zeit noch, Abschied vom Tage auf dem Hohbarr."

„Einverstanden! Beinchen 'rrrraus! Links um!" Lachend strebten die Freunde in der Richtung vor, in der das herrliche Ziel hoch über ihnen winkte.

Zwischen dem Rams- und Zorntal ging's unter Buchen empor, bis in einer halben Stunde die Doppelruine vor ihnen auftauchte. Wie aus dem Fels herausgewachsen, ruht die Feste von leis rauschenden Laubwäldern umgrünt in totenstiller Einsamkeit da. Und dieses Schweigen ringsum leiht ihr den so besonderen Reiz. Erbauer der Doppelburg waren die Dynasten der Ochsensteiner. 300 Jahre haben sie hier oben gehaust, dann ging die Feste in den Besitz der Bischöfe von Straßburg über. Später erlosch das Interesse an der Burg. Bereits 1643 wird sie ein „alt ruiniert Schloß" geheißen. Zeit und Wetter spielten dann die Zerstörer. Aber noch in ihrem Verfall bietet sie dem Wanderer Schönheit und poetische Stimmung.

Es war bereits gegen Abend, da sie den Weg zum Hauptglanzpunkte Zaberns hinanpilgerten. Aus rotem Vogesensandstein wächst die stattliche Burg wie so viele ihrer Schwestern in den blauen Himmel hinein. Wo der natürliche Fels aufhört, da setzen Riesenquadern ein. Die gesamte Stätte ist von seltsam geformten Felsgebilden, Altanen und Warten umgeben, zu denen aus dem Burghofe Treppen leiten. Eine trauliche Gastwirtschaft hat sich in den Ruinen festgesiedelt und an schönen Tagen entwickelt sich ein munteres Leben im Burghofe und all den gemütlichen Ecken und Mauernischen. Das allerschönste aber bleibt unbestritten der lachende Ausblick über ein reich gesegnetes Stück deutscher Erde, das im Osten von der Hornisgrinde im Schwarzwald stimmungsvoll abgeschlossen wird. Das hat man bereits im Mittelalter empfunden, und auf einem Konzil zu Konstanz ist es dann gewesen, wo ein begeisterter Redner Schloß Hohbarr als „das Auge des Elsaß" feierte. — —

Ursprünglich stand hier eine kleine Burg Borra, da war es Kaiser Rotbart, welcher 1168 dem Bischof von Straßburg, Rudolf von Rottweil, aufgab, diese Feste stattlicher auszubauen. Aus jenen fernen Tagen stammt noch der fünfeckige mächtige Bergfried, sowie der Hauptteil der romanischen Kapelle. Diese ehrwürdige Kapelle ist wieder hergestellt worden, und alljährlich am Trinitatisfeste findet für das zusammengeströmte Landvolk ein Gottesdienst hier droben statt, „Hohbarrmesti" genannt. Im 14. Jahrhundert wurde das Schloß noch stolzer ausgebaut, wie eine erhaltene Tafel in der Mauer erzählt. Als mit Bischof Wilhelm von Diest der Bischofssitz von Straßburg hier hinauf gelegt wurde, teilte fortan Hohbarr alle Schicksale, welche drunten Zabern berührten. Am 27. Mai 1586 fand in feierlich-prunkhafter Weise die Einweihung des im Innern fürstlich ausgestatteten Schlosses statt. An diesem Tage stiftete der den heiteren Tafelfreuden warm sich zuneigende Kirchenfürst auf Hohbarr die dann später mehr berüchtigt denn berühmt gewordene „Hornbrüderschaft", die bis zum Jahre 1635 bestanden hat und viele vornehme Herren zu ihren Mitgliedern zählte. Wer sich der Ehre einer Aufnahme würdig erzeigen wollte, mußte in einem Zuge ein zwei Maß Wein umschließendes, köstlich verziertes Auerochsenhorn leeren. Den meisten soll es gelungen sein. Nur dem 1604 als Gast droben weilenden

Hohbarr bei Zabern.

Marschall von Bassompierre bekam es bitterlich schlecht. Dieser Kraftprobe war der sonst so tapfere Kriegsheld doch nicht gewachsen. Wohl hatte er das Horn geleert, die Ehre zu retten. Aber dann berichtet er später doch recht betrübt, daß er mehrere Tage drunten in Zabern schwer krank gelegen habe und an die zwei Jahre hätte keinen Wein auch nur riechen können. —

Im Dreißigjährigen Kriege hatten Franzosen Hohbarr an sich gerissen, und wenn später nach dem Westfälischen Frieden die Bischöfe auch wieder droben Einzug halten durften, das alte Hohbarr war es nimmer. Man hatte die Befestigungswerke inzwischen geschleift, und die guten Bürger drunten aus der Stadt hatten sogar mit Hand an das Vernichtungswerk gelegt, „um sich", wie es im Ratsprotokoll heißt, „die Franzosen eher vom Halse zu schaffen". Den Bischöfen war die Lust an Hohbarr genommen. Sie erbauten sich nun in Zabern ein neues Schloß. Allmählich verfiel der stolze Bau, bis unsere Tage sich daran machten, zu retten, was noch zu retten war.

Auch unsere Thüringer Freunde hatten sich droben von dem heiteren Zauber der Stätte still einspinnen lassen. Wie trefflich mundete ihnen nach langer Tagesfahrt das schlichte Abendessen, mehr denn einmal klangen ihre Gläser fröhlich aneinander. Karten flogen in die ferne Heimat, auch des wackeren Schmieds ward nicht vergessen. Inzwischen war die Sonne hinter aufkommenden Wolken=

bänken gesunken. Ein letzter Gluthauch färbte magisch das Rheintal und erstarb schimmernd an der Bergkette des Schwarzwaldes. Schwüle herrschte. In den angrenzenden Wäldern war es vor der Zeit still geworden. Etwas Großes, Scheues, Wartendes lag in der Luft. Ab und zu vernahm man fernes Grollen in den Lüften. Die Natur hielt den Atem an, als harre sie auf Erlösung von der Sommerlast des Tages. Und dann zerschnitt ein erster Blitz das sich dunkelnde Firmament. Lauter rollte Donner zwischen den Bergen einher.

„Du! Es wird ratsam sein, wenn wir nach der Stadt eilen!" sagte Franz. Der Himmel scheint Einspruch zu erheben, daß wir etwa eine Hornbrüderschaft hier begründen!"

„Schade! Es saß sich hier so gut, und die Verse flossen munter!"

„Aber, Mensch! Unersättlich wie ein Königstiger! Sieben Karten hat dein Genius mit Vierzeilern bekleckt und noch immer rast der See und will weitere Opfer haben! Wir müssen heim, sollen wir morgen nicht mit nassem Pelz weiterziehen! Ich gestatte dir, unterwegs die Harfe zu schlagen!" Lachend griff er den Freund am Arm und zog ihn empor.

Noch einen langen Blick auf das rote Gemäuer, das gleichsam schien das Abendrot eingefangen zu haben, dann trabten die beiden Freunde bergein, während hinter ihnen die Wälder immer tiefer in das Stahlgrau eines heraufziehenden Gewitters versanken.

Sie waren kaum im Gasthofe angelangt, da ein harter Schlag die Luft beben machte. Gleich darauf rauschte es prasselnd und in Strömen zur durstigen Erde nieder. — —

Siebentes Kapitel

Als der nächste Morgen aufdämmerte, wachte Ehrhardt durch den scharfen Schlag eines zugeschlagenen Fensters jählings auf. Knurrend erklang die Stimme:

„Na, ich danke! Toll!"

Ehrhardt richtete sich im Bett auf.

„Was ist denn los?"

„O, ihr Dichter und Harfenklimperer! Hörst du denn nicht, wie draußen der Regen singt? 's ist ja nicht allzu stark, aber mit dem Wandern wird's kaum 'was werden!"

„Undankbar dürfen wir nicht sein, Franz! Schwein haben wir bisher mit dem Wetter gehabt. Und laß es mal erst abgeregnet haben, wie es sich dann doppelt schön durch den duftenden Wald ziehen läßt!"

„Stimmt schon. 's fragt sich nur, wann dies geschehen kann."

Ehrhardt besann sich eine kleine Weile. Dann erwiderte er:

„Ein Vorschlag, Franz! Was meinst du, wenn wir kurzen Prozeß machen und ritzratz hinüber nach Straßburg dampfen? In einer Stadt spürt man den Regen nicht so, am Ende hat's bis dahin überhaupt aufgehört. Gib mir mal das Kursbuch herüber, edler Nachtwandler! So, danke!" Er blätterte eine Weile in dem Büchlein, dann rief er fröhlich: „Bleib gleich draußen, ich folge nach. In einer Stunde geht der erste Morgenzug. Den nehmen wir. Wir lassen unsere Rucksäcke hier und kehren abends mit dem Lumpensammler zurück, morgen früh weiterzuziehen."

„Einverstanden!" Und während sich Ehrhardt aus dem Bette begab, deklamierte der Freund lachend:

„Mit kühnem Sprunge aus dem Bett
Schwingt sich der Turner Eppenstedt!"

Dann beugte er den Kopf über das Waschbecken und ließ sich das erfrischende Naß über Kopf und Oberleib strudeln. — — —

Eine Stunde später saßen die Freunde im Bahnzuge und fuhren durch die grauumwogte Rheinebene hinüber gen Straßburg.

Auf einmal rief Ehrhardt, der träumend die Augen über das graue Meer gerichtet hatte, freudig aus:

„Mensch! Da schimmert der Turm des Münsters durch! Paß auf, die Sonne kämpft sich durch!"

„Höchst lobenswert! Es wäre auch schade gewesen, wie die Regenwürmer durch Straßburg zu kriechen. Dafür gestatte ich dir, auf der Plattform des Münsterturmes die Harfe zu malträtieren! Du sollst mir nicht das Zeugnis weigern, daß ich nicht mit Nachsicht deinen Dichterruhm begleitet hätte!" Sie schüttelten sich lachend die Hände und blickten dann erwartungsvoll aus dem Fenster, das sich jetzt nahende Ziel mit gehobener Freude betrachtend. — — —

Durch ihre Seelen klang heimlich das alte Lied, das einst fahrende Gesellen auf der Landstraße sangen, das Gemeingut des deutschen Volkes ward, in dem der Stolz des Besitzes, die tiefe Trauer des Verlustes leis=wehmütig ein Echo fand:

„O Straßburg, o Straßburg
Du wunderschöne Stadt!" — — —

Die alte Festungsumwallung ist freilich längst um Straßburg gefallen, auf der einst der arme Schweizer stand, tiefstes Sehnen nach der Heimat im Herzen, ehe die Kugeln der Kameraden ihn, den Deserteur, niederstreckten. Auch der neue Gürtel liegt bereits fast wieder innerhalb der Bauten der so glänzend erbauten Neustadt. Denn nach dem großen Kriege ist die Stadt mächtig emporgeblüht. Eine Fülle von Profanbauten erzählen uns dies eindringlich. Freilich der Kaiserpalast zählt nicht zu den

Schöpfungen, welche das Auge eines architektonisch ge=
bildeten Kenners entzücken können. Dafür erfreuen im=
mer wieder die beiden Garnisonkirchen, die Universität,
der Kolossalbau der Reichspost und andere. Wie vor=
nehm zeigt sich das alte Präfekturgebäude! Wie viele
Stimmungsbilder entrollen die Häuserreihen längs der
Ill mit ihren malerischen Einzelheiten! Ernst mutet uns
das Innere der Thomaskirche an, besonders wenn wir
vor dem ergreifenden Denkmal des Marschalls Moritz
von Sachsen stehen! Prächtige Patrizierhäuser haben sich
erhalten, fesselnde Plätze öffnen sich uns, voran der Kleber=
und Broglieplatz, wo sich das vornehme Leben zu gewissen
Stunden abspielt. Mit welcher Weihe stehen wir vor
dem unvollendeten Meisterwerke Erwins, dem ragenden
Münster, an dem so manche Jahrhunderte weitergebaut
und ... verdorben haben, und der doch in der Gesamt=
erscheinung so ehrwürdig, gewaltig und anziehend wirkt.
Erblickt man von einer der Höhen seinen Turm, wenn er
aus den Morgennebeln des Rheintales sich mählich löst
und nun wie ein Wahrzeichen Altdeutschlands sieghaft
in die Lüfte steigt, so packt uns alle Innigkeit und alle
Liebe, die sich für uns mit dem Namen Straßburg im
deutschen Herzen eint. Und unsere Blicke leuchten auf,
wenn wir auf einem Rundgange durch die Stadt plötzlich
vor das Denkmal des Einzigen treten: Wolfgang von
Goethe! Goethe und Straßburg! Fast wie ein Sehnen
nach entschwundenen Tagen beglückenden Friedens über=

kommt es uns, und heimlich schweifen die Gedanken hinüber nach Sesenheim, wo dem jungen Dichter im Pfarrhause eine so liebliche Rose entgegenduftete! — —

Wie überreich ist doch die Geschichte dieser Stadt! Nur ganz flüchtig kann sie hier gestreift werden. Unter dem Kaiser Augustus erstand hier die erste städtische Siedelung, Argentoratum geheißen. 300 Jahre saßen die dunklen Rundköpfe hier als Herren am Rheine, bis die Alemannen sie aufscheuchten und allmählich zurück über die Alpen trieben. Unter den Karolingern erstand an Stelle der abgebrannten eine neue Siedelung. Straßburg ward ein Bischofssitz, bis im Jahre 1262 die Würfel fielen und ein Jahr später eine freie Reichsstadt an der Ill sich erhob. Fortan durfte in allen Kämpfen des alten Reiches Straßburg die Sturmfahne hinter dem Reichsbanner tragen.

Viel Ruhm auf den Gebieten der Künste durfte die Stadt erleben. Des großen Baumeisters Erwin ward bereits gedacht. Gottfried hat hier gelebt, der sich nach der Stadt nannte und uns den „Tristan" schenkte. Sebastian Brant, Geiler von Kaisersberg seien noch angeführt. Unter dem letzteren wurde die Reformation in Straßburg eingeleitet. Gutenberg hat in diesen Mauern die erste Druckerpresse hergestellt. Die Universität erlangte hohen Ruhm. Ein Jakob Sturm schuf die berühmte Bibliothek und errichtete das Gymnasium. Der Dreißigjährige Krieg hat Straßburg merkwürdigerweise verschont. Nach dem Westfälischen Frieden war Straßburg noch bei dem deutschen Schattenreich verblieben. Erst dem Sonnenkönige Ludwig XIV. sollte es gelingen, mit dem deutschen Elsaß uns zugleich die allerdeutscheste Stadt zu rauben. Rat und Bürgerschaft hatten im tiefsten Schmerze erkannt, daß jedes Aufbäumen zwecklos und der Stadt nur doppelt schädlich sein würde. So ergab man sich stumm dem nahenden Geschick. Von der Zaberner Steige niederkommend, hielt am 30. September 1680 der französische König seinen Einzug in Straßburg. Bestechung, Untreue und Hinterlist hatten das ungeheure Verbrechen möglich gemacht. Der Einzug des Siegers gestaltete sich unter fast göttlichen Ehren. Der Verräter dieser Stadt war der Bischof Egon von Fürstenberg. Der Name Fürstenberg sei allen Deutschen ins Gewissen eingehämmert! Am Portal des Münsters stand der „edle" Kirchenfürst, um den einziehenden Franzosen mit den Judasworten zu empfangen: „Herr, nun läßest du deinen Diener in Frieden fahren, denn meine Augen haben den Heiland gesehen!"

Der Friede von Ryswyk hat dann den Diebstahl recht geheißen. Aber leicht haben die Straßburger es dem neuen Herrscher und seinen Nachfolgern nicht gemacht. Mit den energischsten Mitteln ging Frankreich daran, die protestantische Stadt für Rom zurückzuobern. Doch fast ein Jahrhundert hat es gewährt, ehe man deutsche Art und Sitte konnte verdrängen, die Muttersprache durch das welsche Idiom ersetzen. Erst in der französischen Revolution gingen die letzten Rechte der einstigen freien Reichsstadt für immer verloren. Die Stadt war allmählich zu einer starken Festung umgewandelt worden. Am 13. August 1870 rückten deutsche Truppen vor Straßburg, das sich nach einer sechswöchentlichen Belagerung endlich ergab. Nun war die ehemalige Reichsstadt wieder in deutschen Händen ... freilich, die Herzen schlugen den Siegern und Befreiern nicht mehr entgegen. Gestorben war das deutsche Herz, das einst so heiß, treu und innig für das große, herrliche Mutterland gehofft, gerungen und gelitten hatte. — —

Wer in Straßburg will Erinnerungen nachgehen, der schreite durch die Altstadt, unbekümmert um das laute Getriebe, das ihn heute hier umsaust. Der halte Einkehr im Münster und klimme dann empor zur Plattform des Turmes. Goethe und das Münster sind für uns Deutsche noch immer heimlich verknüpft. Durch diese winklig-engen Gassen, über die Plätze schritt einst auch der Frankfurter Patriziersohn, apolloschön, bewundert, gefeiert und geliebt. Im Sturm und Drange blühender Jugendtage schrieb er hier seinen „Götz von Berlichingen"; hier in Straßburg erstand der Anfang seines „Faust". Der hehre Anblick des Münsters hatte den begeisterten Hellenen auf eine Weile zum kerndeutschen Vaterlandstum zurückgeführt.

Droben auf dem Münsterturm hatten Ehrhardt und

Franz Abschied von Straßburg genommen. Ein Tag, reich an Eindrücken mannigfacher Art, lag hinter ihnen. Nachmittags war auch die Sonne wieder durch das Gewölk getreten, für morgen gutes Wanderwetter den Freunden versprechend. In angeregtem Gespräche wandten sie sich dem Bahnhofe zu. Dann trug der Bahnzug sie durch erwachenden Sternenglanz wieder zurück nach Zabern. Sie atmeten tiefer auf, da ihnen beim Eintritt in die Stadt der waldfrische Hauch von den Bergen entgegenströmte. — —

Blanker Morgensonnenschein flutete über die Straßen, da die Thüringer Freunde in aller Herrgottsfrühe die Richtung zum Hohbarr nahmen. Es lag kaum das letzte Haus hinter ihnen, da Franz aus voller Kehle zu singen anhob:

„Und wieder sprach der Rodenstein:
„„Hallo, mein wildes Heer!
In Tiefschluchhausen fall ich ein
Und trink' den Pfarrer leer!"" "

Mensch, ist das ein Glück, wieder hinein in den Morgen wandern zu dürfen! Gott segne den wack'ren Grünrock zu Pfirt, der die allererste Anregung dazu gab!" Er schwang den Stock, lüftete den Lodenhut und stieß einen weithin schallenden Jodler über das Tal in der Tiefe aus.

Ein paar Minuten weilten die Freunde noch vor den rötlich schimmernden Mauern des Hohbarr, dann drängte Ehrhardt weiter.

„Ich bin geradezu hungrig auf immer neue Eindrücke!"
„Alter Nimmersatt!

„„Der Pfarr, ein tapf'rer Gottesmann,
Trat streitbar vor sein Tor...."""

Eine Viertelstunde darauf hatten die Wanderer die Doppelburg der Geroldseck erreicht. Sie bewunderten den gewaltigen Bergfried, durchstöberten die verfallenen Säle und Kemnaten, warfen flüchtige Blicke in die Kellereingänge und freuten sich dann der köstlichen Ausblicke. Auch der Geschichte dieser Burgen gedachten sie, deren letzter Namensträger 1390 in die Ewigkeit einging. Mehr noch freilich fesselte sie die Bedeutung, welche diese Stätte in dem Sagenreichtum des elsäßischen Volkes einnimmt. Denn Geroldseck stellt eine Art Kyffhäuser dar.

Jenseits der Ruine von Klein-Geroldseck tauchten die jungen Wanderer in das weite, goldiggrüne Waldrevier des Dagsburger Ländchens. Am Hexenplatz machten sie flüchtig Halt, mit Interesse den plumpen Steinkoloß der „Steinbütte" zu betrachten. Menschenhände höhlten einst das Innere dieses seltsamen Gebildes glatt wie ein Faß aus. Vielleicht befand sich hier ehemals eine heidnische Kultstätte, vielleicht behält das Volk recht, das in der Steinbütte den Weintrog eines Abtes sieht, der nach Vollendung der Arbeit das Ungeheuer nicht fortschaffen konnte. — —

An Felsgruppen, über Matten, an Forsthäusern vorüber, immer wieder in summenden Hochwald eintretend, gelangten unsere Freunde jetzt nach Habenacker, einem waldeingesponnenen Weiler von nur wenigen Hütten und einer Försterei.

„Soll ich die Zupfgeige vielleicht wimmern lassen?" lachte Franz.

Ehrhardt schüttelte den Kopf.

„Nicht zu früh in die Kanne steigen. Das macht müde!"

„Barbar!"

Sie wandten sich am Forsthause vorüber zu dem ausgedehnten Ruinenfelde des Ochsensteins und ließen die Augen trunken über das wundersame weite Bergwaldbild schweifen. Scharf, wie hingezeichnet, hob sich von dem strahlenden Sommerhimmel die Kapelle Dagsburg ab. Wie gebannt starrten die Freunde auf das blau umrahmte Bild. Dann brach es von Franz' Lippen:

„Wallfahrer ziehen durch das Tal
Mit fliegenden Standarten . . ."

Er sprang über niedergekollerte Burgtrümmer und riß den Freund leuchtenden Auges mit fort.

„Komm, komm! Sonst werde ich noch zum Poeten. Und da bewahren mich alle Götter Griechenlands vor!"

Sonnenblitze, die zwischen den grauen Buchenstämmen wie güldene Schlangen niederzüngelten, leuchteten ihnen voran. Falter schwebten über das funkelnde Moos, und irgendwo sang ein Bächlein sich seine eigene Wanderweise. Welch eine köstliche Waldwirrnis öffnete sich den Freunden! Überall verstreut zeigten sich Felsblöcke, dicht um=

buscht von Beerengestrüpp, Farnen und hochstengligen
Blütenschaften. Wie mit tausend stillen, tiefen Augen sah
der Wald sie an, als zögere er noch, ihnen seine letzten
Geheimnisse anzuvertrauen. Ein Märchenwald, der still
machte in seiner verwunschenen Schönheit, in seinem welt=
weiten Schweigen.

Wieder eine Lücke in der lichtgrünen Wand. Jenseits
einer Bergwelle hob sich auf gewaltiger Steinplatte, die
wieder überhängend auf einem Felskoloß saß, als müsse
sie jeden Augenblick herabgleiten, die Wallfahrtskapelle
greifbar fast vor den stillstehenden Wanderern, hochge=
türmt, unvermittelt sich in die Landschaft schiebend. Wer
sie von weitem schaut, der meint fast, sie schwebe frei in
den Lüften. Sie bildet den natürlichen Mittelpunkt für
das schöne Dagsburger Ländchen, sowohl für fromme
Waller als auch naturfrohe Wanderer des Wasgau. Wie=
der geht's zwischen grünen Hecken wilder Himbeeren, Tan=
nen, aus deren Gezweig der sogenannte Hexenbesen grab=
linig emporsproßt, und Stechpalmengewirr hin. Dann
liegt die freie Kuppe, welche einst ein Schloß zeigte, vor
dem Wanderer. Sicherlich trug die ehemalige Feste in
grauer Vorzeit den Namen des Sagenhelden dieses Land=
striches, des „bon roi Dagobert". Die späteren Besitzer
haben sich dann Grafen von Dagsburg genannt. Hier auf
diesem Bergschloße ist dann im Jahre 1002 jener Graf
geboren, der erst als Bischof Bruno in Toul wirkte, um
darauf 1049 als Papst Leo IX. in Rom den Stuhl Petri

zu besteigen, der einzige Papst, der aus dem Elsaß stammte. Nur sechs Jahre durfte er sich in seiner Würde und der kaiserlichen Gunst freuen, als ihn der Tod abrief. Doch unvergessen lebt noch heute sein Angedenken in der berggrünen Heimat fort. Die heute den seltsamen Felsen krönende Kapelle ist nicht nur ihm zu Ehren erbaut, sie zeigt auch sein in Stein gehauenes Bildnis. Uneinnehmbar war die Burg und entging darum auch den Greueln des Dreißigjährigen Krieges. Als im Jahre 1675 der Krieg zwischen Frankreich und Österreich tobte, zogen sich Dagsburger Wildschützen hier oben zurück und verteidigten tapfer den Sitz gegen die Truppen des Generals Montclar. Die Belagerer zu verhöhnen, ließen sie eines Tages eine tote Ziege am Stricke die Mauer hinab, die zwischen ihren Füßen eine Spindel trug sowie einen Zettel mit dem Spottreime:

"So wenig ihr die Geiß lehrt spinnen,
So wenig werdet ihr Dagsburg gewinnen".

Dem alten Merian verdanken wir noch ein gutes Bild der Feste in ihrer vollen Pracht. Erst 1679 ward die Feste geschleift. 1825 setzte man eine kleine Kapelle zu Ehren Leos IX. auf den Fels, welche dann dem jetzigen schmucken Bau 1889 Platz machen mußte. Weit und schön ist der Ausblick vom Vorplatze der Kapelle. Man überblickt das lothringische Hochland und überschaut die lange Bergkette zwischen dem Schneeberge und Donon, dessen antiker Tempelbau sich klar gegen das Firmament abzeichnet. Zu

Füßen des Kapellenfelsens liegt ein Einzelgehöft, in dessen Garten das Bild des Gekreuzigten aufragt. Noch tiefer ruhen die stillen Hütten des kleinen Ortes. Wohin man aber kreuz und quer im Dagsburger Ländchen seine Schritte lenkt: immer wieder zeigt sich die Kapelle, aus der Ferne, von Wäldern umwogt, fast noch schöner denn in der Nähe wirkend. — — —

Wiederholt hatten die beiden Freunde im summenden Walde heute Rast gehalten und dem Inhalt ihrer Rucksäcke tapfer zugesprochen. Nun lenkten sie ihre Schritte gen Wangenburg, dessen schmucke Landhäuser sich über eine köstliche Matte ausbreiten. Dahinter steigt der nachbarliche Schneeberg auf.

Der Anblick von Wangenburg hatte die Freunde so warm gestimmt, daß sie rasch beschlossen, hier für die kommende Nacht Quartier zu belegen. Zum Abendessen hatten sie im Vorgarten des Gasthauses Platz genommen. Eine Fontäne plauderte leise plätschernd neben ihnen, französische und deutsche Laute klangen von den dicht besetzten Tischen durcheinander. Ihre Gedanken aber wanderten weit über Wälder und Berge, fort über den Rhein, der fernen Heimat zu.

„Jetzt sitzen sie bei uns auch im Garten und rechnen vielleicht nach, wo wir uns herumtreiben könnten."

„Und Meister Junker guckt zum Fenster heraus, schmaucht seine kurze Pfeife und wartet auf die nächste Postkarte von uns."

„Die soll ihm werden! Da! Hoppla, auf den Pegasus und guten Schenkelschluß, damit der Göttergaul dich nicht abwirft, edler Singer!" — — —

Die meisten der sommerlichen Gäste schliefen wohl noch, da die Freunde durch den dampfenden Morgen zur Kuppe des Schneeberges pilgerten. Nach einer Stunde entließ sie der hochstämmige Wald alter Weißtannen. Bruchiges Moorland nahm sie auf. Dann ging es weiter über schwankenden, von Steinwürfeln und Heidekraut bedeckten Boden. Die Rauschbeere blühte ringsum, samenstäubender Bärenklau, wohl auch Schlangenmoos benannt, kroch mit blaßgrünen Fangarmen zwischen Gestrüpp und Gestein hin. Die höchste Erhebung des Schneeberges ist bedeckt mit Riesen von Felsplatten. Schon der erste Anblick sagt uns überzeugend, daß sich hier eine uralte Kultstätte inmitten des unwirtlichen Hochwaldes erhob. Darum ist dieser Berg auch bis heute der Sammelpunkt zahlreicher tiefdeutiger Sagen geblieben. Besonders in wilden Sturmnächten, wenn fahler Mondschein zwischen den jagenden Wolkenballen irrt, entfaltet er für das Volksgemüt seinen tiefsten Zauber. Dann wehen alle Schauer und Schrecken um ihn.

Auf seinem westlichen Vorsprung ruht auf einem steinernen Altan wildzusammengefügter Steinquadern der sogenannte „Lottelfelsen", der „Pierre branlante". Trotzdem er fest aufgewachsen zu sein scheint, vermag trotzdem ein Druck an einer ganz besonderen Stelle ihn in leises

Schwanken zu verseßen. So ward er denn auch in den Tagen finsteren Aberglaubens ausersehen, das Gottesurteil auszusprechen. Düstere Schilderungen liefern uns die mittelalterlichen Chroniken. Frauen, der Untreue angeklagt, mußten hier droben ihre Unschuld beweisen. Blieb der Stein unbeweglich, so ward das arme Weib der Schuld überführt, gelang es dem Opfer einer furchtbaren Justiz, den Stein in Bewegung zu seßen, war ihre Unschuld angesichts des Himmels bewiesen. An solch einem Gerichtstag ist dann das Volk weit, weit hergeströmt, und die Kuppe des Schneeberges sah eine vieltausendfache erregte Menge sich um den Lottelfelsen drängen. Mit der Justiz waren hoch zu Roß Fürsten und Burgherren in voller ritterlicher Pracht heraufgeritten, Augenweide und Nervenkißel zu erwarten. Ein Herold betrat die Stufen. Langgezogen, weit erklang sein Hornruf über die aufhorchenden Waldberge. Totenstille ringsum. Die Anklageschrift wird laut verlesen. Die Geistlichkeit betet. Das Volk sinkt in die Knie und hebt die Hände, während das Opfer jetzt schaudernd den Felsen besteigt. Aller Augen richten sich wie gebannt auf das bebende Menschenbild über ihnen. Spricht der Felsen nicht, dann werden die Nachrichter es vor den Augen der Menge zerstückeln, derselben Menschenmasse, die in ein Hosianna ausbrechen wird, hat Gott die Unschuld klar verkündet. Dann fliegt ein Schrei des Jubels über die Kuppe des Berges. Dann stürmt man heran, hundert und wieder hundert

Arme recken sich auf, die Gerettete, Befreite zu umfangen, und gehoben, getragen, tritt sie gefeiert, umsungen und umjubelt den Heimweg an. Die Kuppe leert sich allmählich. Einsam liegt der Schneeberg wieder. Im Sonnenlichte leuchtet die feuchte Heide, und die Winde ziehen drüber hin, als wollten sie die Stätte reinigen von der Erinnerung eines Frevels, den dumpfer Menschensinn zur Ehre Gottes wollte begehen. — — —

Lange hatten die beiden Freunde die Kuppe umkreist, sie waren auf den Fels geklettert und wieder hinabgesprungen. Schlangenmoos hatten sie um die Hüte geflochten und ein Sträußchen Heidekraut dazwischengesteckt. Nun setzten sie bergein die Wanderung fort. Nach einer guten Stunde grüßte sie aus Waldesdämmer eine malerische Ruine, von deren Plattform sie ein weites Waldbild genossen. Nur eine einzige Wohnstätte zeigte sich von hier droben, eine Ferme auf dem Wege von Girbaden nach Grendelbruch. Während Franz sich auf den Steinen ein Tischleindeckdich hergerichtet hatte, konnte Ehrhardt noch immer nicht den Blick von der Poesie der Stätte wenden. Leise klang es dabei von seinen Lippen:

„„„Burg Niedeck ist im Elsaß der Sage wohlbekannt,
Die Höhe, wo vor Zeiten die Burg der Riesen stand;
Sie selbst ist nun zerfallen, die Stätte wüst und leer,
Du fragest nach den Riesen, du findest sie nicht mehr.""" —

„Bravo, mein Junge!" lachte Franz und kaute vergnüglich weiter. „Hübsch, daß du alte Schulerinnerungen wieder auskramst! Mich packt immer so eine Art Wut, wenn ich das Gedicht höre, trotzdem ich es stets hübsch gefunden habe. Aber vor ein paar Jahren sollte ich es deklamieren, stand vorn am Katheder, und dann sah ich immer in das dumme Gesicht von dem Prätorius, da kam mir das Lachen, ich stockte, begann nochmals, stockte wieder und endlich brach ich ab und schlich als ein geschlagener Mann auf meinen Sitz. Na, die Note auf meiner Oster=Kummeraktie im Deutsch kannst du dir denken. Magister Treibler hatte mich seitdem auf dem Strich. Trotzdem wäre ich nicht abgeneigt, ihm eine Karte hier von der Burg zuzupfeffern!"

„Ich denke, wir schreiben ihm wirklich einen Kartengruß, doch ohne Reu' noch Spott. Der Mann hatte recht damals. Dann aber mein' ich, Ruine Niedeck ließe überhaupt keine anderen Empfindungen aufkommen, als die des Dankes für den Dichter Chamisso, der ein Franzose war und doch ein so guter Deutscher geworden ist!"

„Natürlich hast du wieder recht, mein Junge! Schade, daß du nicht Missionsprediger werden willst! 'S Zeug hättest du dazu. Also beichsle eine tiefempfundene Karte an den Magister. Ich werde geruhen, zu unterschreiben." Er kaute vergnüglich weiter und blickte dazwischen höchst befriedigt von dem Mauerrand der Ruine in das grüne Waldgewoge nieder.

Wie einst unser Schiller mit seinem „Tell" erst die Schweizer Sage volkstümlich in allen Kulturlanden machte, so hat Chamissos Gedicht „Das Riesenspielzeug" der tief im Wasgenwalde verborgenen Ruine Leben und Anziehungskraft verliehen. Es war darum ein gerechter Akt der Dankbarkeit, daß der rührige „Vogesenklub" in der Wand der Burg das Bronzebild des Dichters an= bringen ließ, die Anfangsstrophen hinzufügte und die kurze Inschrift: „1784. Adalbert von Chamisso. 1838."

Im Jahre 1264 wird zuerst der Burg Niedeck urkundlich gedacht. 1448 befand sich das Schloß im Besitz von An= dreas Wirich. Infolge einer Beleidigung des Ritters von Lichtenberg rückte dieser mit einem starken Aufgebot vor die Burg, und es gelang ihm endlich, den Einlaß kämpfend zu erzwingen. Das Leben des Burgherrn war verwirkt. Da warf sich dessen schönes, junges Weib zu Füßen des Siegers, der nun hochherzig den Burgherrn frei gab. — 1656 ist dann Burg Niedeck in einer Feuers= brunst zerstört und nicht wieder aufgebaut worden. — —

Nachdem auch Ehrhardt sich erquickt hatte, setzten die Freunde ihre Wanderung fort. Als sie durch das von Adlerfarn, Beerengebüsch, Jungtannen und Stechpalmen umgrünte Felsgewirr langsam niederstiegen, wandte sich Franz, der vorausgehüpft war, um und lachte:

„Gelt? Die reine Wolfsschlucht!"

Ehe aber Ehrhardt noch antworten konnte, fesselte bei der nächsten Biegung des steinigen Pfades ein entzücken= des Naturgemälde ihre Augen. Jach stürzte mit donnern= dem Getön der Niedecker Wasserfall in eine grausige

Tiefe. Hier über Steinzacken unwillig springend, dort wieder Kaskaden bildend, Schaumschleier webend, Gischtflocken verstreuend. Ein malerischer Kessel nimmt dann das erregte Element in sich auf, das nun beruhigt durch das laubumdämmerte Tälchen zur Hasel niederfließt. Wie die lustige Musenstadt Jena im Saaletal einst ihre sieben Wunder besaß, so haben früher die Franzosen den Vogesen ebenfalls sieben Wunder zugesprochen. Eins von diesen ist der Niedecker Wasserfall.

Erfrischt und gehoben stiegen unsere Wanderer wieder empor, um nun, die Kuppe des Schneeberges umgehend, sich dem Donon zuzuwenden. Dieser Bergzug oberhalb des tief eingerissenen Breuschtales zählt mit zu den schönsten Teilen der Vogesen. Wilde Felsenpracht wechselt immer wieder mit echter Urwaldpoesie, mit schwankenden Hochmooren, auf denen die Rauschbeere dem Getier den Tisch reichlich deckt, wo der Urhahn und das Birkwild noch in Scharen auftritt, wo der König deutscher Wälder, der Edelhirsch noch in den dichten Verstecken herrscht, während er sonst auf und ab im Wasgau ausgerottet ist. Ein wonnesames Wandern hier droben! Man erblickt die neuen Jagdgehege unseres Kaisers; zum Rhein, nach Lothringen hinein wandert das Auge. Jetzt grüßt die Wallfahrt von Dagsburg, dann wieder tritt das rötlich schimmernde Münster Straßburgs in Sicht. Burgen und Städte, Weiler und Fermen ohne Zahl tauchen auf und verschwinden. Dann wieder eilt der Blick von Gipfel zu

Gipfel des bis zur blauen Ferne dahinwallenden Gebirgszuges. An sechs Stunden währt diese Höhenfahrt, aber sie macht die Seele reich und füllt alle Schatzkammern des Herzens. Mehr denn einmal blieben die Freunde stehen und sahen in die sonnig flimmernde Herrlichkeit der Welt. Und einmal rang es sich leise von den Lippen Ehrhardts:

„Wundervoll, wundervoll! Als ging's in den Himmel hinein!"

Tief sogen die Freunde den Berghauch und das stürmende Lied der Freiheit ein. War das ein köstlich Ding, vor sich noch auf Stunden diese schmale, wilde Bergscheide zu wissen! Zu beiden Seiten öffneten sich wie ausgespreizte Fächer die tiefen, grünen Täler. Dahinter hielten Bergriesen Wacht, bereit, jeden Augenblick gewaltige Steinquadern den Angreifern entgegenzuschleudern. Und hoch über allem der strahlendblaue Himmel, der sich wie eine durchsichtige Kristallglocke über das Gebirge und offene Gelände legte.

Vom Schneeberge aus schreitet man auf dieser Wanderung über die Gipfel des Ursteines (947 m), des Großmann (986 m), des Noll (991 m), bis dann die freiliegende, weithin ausschauende Kuppe des Großen Donon (1008 m) erscheint, des Königs dieser Bergwelt zu Seiten des Breuschtales.

Ehe unsere Freunde jenseits des Großmann zum Noll hinanklommen, unternahmen sie von dem verbindenden

Sattel der genannten Höhen aus noch einen Streifzug zum Mutzigfelsen, der die höchste Erhebung in den Mittelvogesen darstellt, da er dem Donon noch um 1 Meter über ist. Was ihn so bevorzugt, ist das unvergleichliche Rundbild und dann die packende Wildheit seines zertrümmerten Gipfels. Durch- und übereinandergetürmte Blöcke und Geschiebe zeigen sich dem Auge, schauerliche Spalten gähnen dazwischen und sturmzerfetzte Tannen recken, wilden Landsknechten gleich, ihre zerrissenen Fähnlein empor.

Jenseits der Kuppe des Noll hebt das Heidemoor an, über das ein angelegter Fußpfad leitet. Hier vermag man so recht deutlich das Wachsen und Absterben des ungeheuren Mooslagers zu erkennen. Die starken Niederschläge und Nebellagerungen, welchen diese Höhe ausgesetzt ist, leisten der Moosbildung erheblichen Vorschub, wobei dann das welkende Moos dem Moorboden immer neue Nahrung gibt.

Die Freunde hatten an einer Quelle jenseits des Noll am Sattel des Narion gerastet, nun überschritten sie den Dononsattel und strebten der letzten Höhe erwartungsvoll zu, die Augen wie magnetisch auf den kleinen antiken Tempelbau gerichtet, der die höchste Erhebung krönt. Nächst St. Odilien bleibt dieser Gipfel vielleicht die merkwürdigste Stätte im Wasgau. Denn hier redet stumm ein längst verschollenes Volk zu uns. Hätten Unverstand früherer Jahrhunderte nicht schonungslos gewütet, würde

später der Sammeleifer der französischen Museen nicht das noch Vorhandene mitgeschleppt haben: der Donon wäre heute eine Zugkraft ersten Ranges für die gesamte gebildete Welt. So haben sich nur noch geringe Über=
reste erhalten. Doch die Erinnerungen weihen die köst= liche Felswarte, und Mutter Natur breitete rings um sie ein berauschend schönes Wunderbild.

Der Große Donon war unbestritten in grauen Vortagen erst für die Kelten, dann für die Römer eine höchst wichtige Kultstätte. Und als dann diese Völker vom Sturmwind der Geschehnisse fortgefegt waren, kamen die Alemannen vom Rhein herüber und machten den weithin leuchten= den Gipfel zum Tummelplatz ihrer Volksfeste. Aus der Zeit vor den Römern stammen all die hier droben gefun= denen Steinwaffen und andere Dinge. Das prachtliebende Rom aber hinterließ inmitten waldumrauschter Felsen= pracht Tempel und Denkmale, Votivtafeln und Bild= säulen. Ging doch am Donon die uralte, noch heute er= kennbare Römerstraße entlang. Schmuck und Waffen, Münzen und Hausgerät hat man hier oben dem Boden entnommen. Aus Schilderungen, welche Forscher im 17. Jahrhundert von hier oben machten, geht hervor, daß damals sich noch drei Tempel erhoben, alle dem Merkur, dem flinken Handelsgotte, geweiht. Da sind denn die Vorüberfahrenden zur Kuppe gestiegen, den Gott um gute Reise und fröhliches Gelingen zu bitten. Auch an= dere Bauten haben sich in der Nähe befunden, zahl=

reiche Inschriften waren erhalten. Aber Tafeln und Steine wanderten hinab und so manche Fabrik, wo heute Räder surren, erhebt sich auf uralten römischen Bausteinen. Selbst im 18. Jahrhundert waren auf dem Donon noch 14 Baßreliefs zu sehen. Dies alles ist geraubt worden. Doch die Weihe der seltsamen Stätte konnte kein Jahrhundert verwischen. Natur und Erinnern schlossen einen festen Bund. —

Lange standen die Freunde auf dem Gipfel, und ihre Augen tranken sich voll an der Poesie und Schönheit. Die Sonne glutete über dem Lothringer Lande und ließ einzelne Fermen an fernen Berghängen wie Lichtfunken aufblitzen. Ein Leuchten stand auch in den Blicken der jungen Thüringer.

„Wem gehört dies alles in dieser Stunde?" fragte Ehrhardt den Kameraden.

„Uns allein, mein Junge! Denn wir allein genießen hier das Herrliche! Wir sind Könige trotz Rucksack und Lodenhut! Und nun, erhabener Bruder: Marsch, marsch, weiter, wenn wir noch Schirmeck heute erreichen wollen!"

Immer wieder die Blicke rechts und links ausfliegen lassend, stiegen sie bergein und schritten am Forsthause Donon vorüber zum Breuschtale. Die französische Grenze liegt von hier aus nicht mehr weit. Wo der Wald sich öffnet und man die beiden französischen Dörfer Raon sur Plain und Raon les Leaux erblickt, da läuft die Hoheitsgrenze zwischen beiden Ländern. Hier auch erhebt sich zum

Gedenken des großen Strategen die Moltke-Linde. Bei der Feststellung der Grenze hat hier der Unvergeßliche geweilt und einen letzten Blick in das besiegte Land der „Grrrrande nation" getan. — — —

Es dunkelte bereits, da die Freunde jenseits von Grandfontaine endlich Schirmeck erreichten, das im Grunde mit Vorbruck zusammen einen Doppelort bildet, ehemals La Broque geheißen. Schirmeck liegt tief in den Bergen der Breusch eingeschachtelt. Öde Fabrikbauten erhöhen nicht den Reiz des Ortes, und wenn tagsüber die Maschinen ächzen und stöhnen, die Räder sausen, dann sehnt sich das Gemüt aus dem völlig französisch anmutenden Orte wieder hinauf in die Freiheit der Bergwälder. Doch das Gasthaus ist fürtrefflich, und der Wirt ein gar höflicher Mann ... nach rechts freundlich und nach links freundlich! wie er schmunzelnd seinen jungen Gästen anvertraute.

„'n Charakter wie Granit!" lachte Franz, da er mit kühnem Ansatz in das Bett hüpfte. „Aus solchen Männern formt man Nationen! Gute Nacht, Dicker! Ich denke, wie Wallenstein, einen langen Schlaf zu tun, bitte aber trotz dieser geschichtlichen Bemerkung pünktlich geweckt zu werden." — —

Achtes Kapitel

Es war beim Kaffee am nächsten Morgen, da unsere jungen Freunde den Plan des Tages festlegten. Das Fenster nach der Gasse stand weit offen, die frische Luft hereinzulassen. Lustig tanzten die Sonnenstrahlen durch den Raum. Von der Gasse erklang das Klappern der Holzschuhe. Dazwischen vernahm man lebhafte Gespräche Vorübergehender, zum Teil in der französischen Sprache, zum Teil in jenem grausamen Patois, das zwischen schlechtem Welsch und noch schlechterem Deutsch hin und her schwankt. Stampfen und Ächzen von Maschinen mischte sich drein, sowie das Surren der Räder.

„Weißt du, Mensch," sagte Franz, „wonach ich Sehnsucht habe?"

„Nach Wald und Bergeshöh!" entgegnete Ehrhardt. „Mir geht's ebenso. Mir ist's, als röche ich Petroleum.

Hier ist alles sozialistisch verseucht! Ich denke, wir beeilen uns und ziehen weiter, nachdem wir noch droben der Mutter Gottes unsere Reverenz gemacht haben."

Sie bezahlten ihre Zeche, drückten dem geschmeidigen Wirt die Hand und verließen das Haus. Dicht über einer großen Spinnerei mit langen öden Fensterreihen stiegen sie empor zu dem Reste einer Burg, die einst von Bischöfen aus Straßburg ab und zu bewohnt wurde. Vor den Trümmerresten erhebt sich überlebensgroß aus Erz gegossen die Bildsäule der milden Mutter Gottes. Gegenüber türmen sich die herrlichen Bergwogen, welche bei Wisch im Breuschtale ansetzen und über den Donon fort zum Hochfelde streichen, eine Grenzmauer gegen Frankreich hin, hoffentlich nun für die Ewigkeit gesetzt. An besonderen Feiertagen wird die Riesengestalt der heiligen Frau erleuchtet. Dann strahlt ihr versöhnliches Bild weit hinaus zu den betriebsamen Ortschaften im Tale.

Als die Freunde sich des Ausblickes genugsam erfreut hatten, traten sie den Abstieg ins Tal an. Die Breusch abwärts nahmen sie ihren Weg. Dann bogen sie in das märchenstille Buschbrunnental ein und klommen empor zur Burg Girbaden. Im Forsthause gleichen Namens wurde erst kurze Rast gemacht. Dann ging's weiter. Echte Edelkastanien drängen sich hier zu dichten Waldungen zusammen und erregten das Interesse unserer Wanderer, die zum ersten Male deren ansichtig wurden.

„Schade, mein Junge! Ein paar Monate später, und

wir füllten uns die Rucksäcke mit den süßen Früchten und lebten nach Klausnerart davon!"

„Lebten ist gut, Franz! Zum Vegetarier mußt du erst noch einmal geboren werden!" Über eine waldeingeschlossene Matte schritten sie, auf der sich das Standbild eines Ebers zeigte. Dann näherten sie sich der mächtigen Ruine Girbaden, die neben der Hohkönigsburg zu den bedeutensten Burgen des Elsaß zählt. Wie jeder wahre Freund des Elsaß den Wiederaufbau der letztgenannten Burg tief bedauert, die seitdem den wundersamen Schimmer höchster Romantik einbüßte, so muß man es bei Girbaden beklagen, daß keine Hand sich rührt, dem Verfall dieser Ruine, heute noch reich an Steinmetzkunst und sonstigem Schmucke, Einhalt zu gebieten. Römer haben sicherlich hier eine allererste Anlage geschaffen. Dann war es der große Hohenstaufe, Friedrich II., der hier eine feste Burgwehr schuf, den östlichen Teil des heutigen Ruinenfeldes. Er hat den Besitz später mit den Grafen von Dagsburg geteilt, die auch hier droben ansiedelten. Immer weitere Anbauten vergrößerten die Doppelfeste, die in den Tagen ihrer Blüte ein machtgebietendes Bild gewährt haben muß. Zuletzt saßen die Herren von Rohan im 17. Jahrhundert droben. Späterhin trat der Verfall langsam ein. Zu überwinden war unmöglich jedem Feinde ... denn Girbaden war unangreifbar. Ein geheimnisvolles Wandern bleibt es hier droben, wenn man unter den wappengezierten Torbogen durch die veröden Säle, die Kemnaten, über Höfe, Treppen, Gänge, Kellereien schlendert. Stundenlang kann man hier umherstochern, so tief packt der Zauber dieser verwunschenen Stätte. Denn Schätze sollen hier geborgen sein, ebenso stehen in einer bestimmten Nacht die Geister der ermordeten Lothringer auf, welche einst einen Überfall versuchten, und jagen im tollen Zuge um die gebuckelten Quader= steine der Sandsteinmauern. —

Nicht leicht ward den Freunden der Abschied von dieser Stätte. Endlich war die liebliche Sommerfrische Grendel= bruch erreicht. Bergzüge rahmen die auf einer Matte ausgestreuten Häuser und Hütten ein. Nach Osten schweift das Auge über das Mageltal bis zur flimmernden Rhein= ebene, und während man sich beschaulicher Bergeinsamkeit kann hingeben, verbindet uns doch zugleich die goldene Fernsicht mit der ältesten Völkerstraße Deutschlands, mit dem unsichtbar dort drüben jagenden Weltverkehr.

Nach Tisch ging's an Forsthäusern und schäumenden Sägemühlen vorüber immer am Ufer der plaudernden Magel dahin. Sie war ein guter Wanderkamerad und wußte den aufhorchenden Freunden gar viel vom Leben im Hochwalde des Wasgau zu erzählen, von dem Leben der Holzfäller, von Schmugglern oben am Grenzkamme. Beim Dorfe Klingenthal, das einst Waffen schmiedete und heute gute Sensen in die Welt verschickt, verließen unsere Freunde das Mageltal und stiegen durch wilden Wald zum Forsthause empor, das sich unweit der beiden

Ottrötter Schlösser festgenistet hat, und ob seines ausgezeichneten „Ottrötter Roten" weithin Achtung genießt.

„Variatio delectat!" lachte Franz über das ganze Gesicht. „Haben wir heute morgen beim Grünrock zu Girbaden Milch gebechert, so laß uns hier zur roten Farbe übergehen. An unserer Gesinnung leiden wir darum ja nicht Schiffbruch. Im Gegenteil! Das erste Glas soll dem deutschen Vaterlande gelten. Wahrhaftig, man muß es erst erwandern, um zu wissen, was wir besitzen!"

Eine Viertelstunde später klangen hell die Gläser zusammen und aus den Augen der Freunde brach ein Strahl unausgesprochenen Glückes. — — —

Lützelburg und Rathsamhausen nennen sich die beiden Schlösser oberhalb des Doppeldorfes Unter- und Ober-Ottrott. Sie sind leider dem Verfall freigegeben, denn unaufhaltsam nagt die Zerstörung in ihrem malerischen Gemäuer. Als die beiden Burgen nun hinter den Freunden lagen, begann für sie ein reizvolles Wandern.

Eine düstere Felsengasse nahm die Freunde nun auf. Tannen mit wallenden Zottelbärten, seltsame Geschiebe, von Efeu umwucherte Steingebilde, von Moos überpolsterte Blöcke, Farnbüschel, Beerengestrüpp, dies alles lieh dieser Gegend seltsamen Reiz. Denn plötzlich stieß Ehrhardt den Kameraden an und deutete ein Stück weiter in den steinüberschütteten Hochwald:

„Da, siehst du, dort fängt die berühmte Heidenmauer an. Ein paar Jahrtausende grüßen uns hier. Ein ungeschichtliches Volk hat mit dieser Mauer einst stundenweit die Bergkuppe umringt, einen Stützpunkt und eine Verteidigungslinie zu schaffen. Die Steine sollen einst durch hölzerne Klammern befestigt gewesen sein, sogenannte ‚Schwalbenschwänze‘. Aber alle die Besucher haben sie herausgebrochen, soweit die Zeit selbst sie nicht zersetzte."

Und hurtig schritten die beiden dorthin, wo die Heidenmauer einsetzte. Da blieben sie eine Weile stehen, und unwillkürlich strichen die Hände über ein Menschenwerk, über das die Stürme von 2000 Jahren hinweggeblasen hatten.

„Siehst du ... da!" Ehrhardt wies auf eine eingemeißelte Vertiefung zwischen zwei Steinen. Da hat solch ein eichener Doppelschwalbenschwanz einst gesessen! Nun hat das Moos es sich darin bequem gemacht!"

Drei Stunden braucht ein rüstiger Wanderer, will er die sogenannte Heidenmauer umschreiten. Wohl besitzt der Wasgau noch ähnliche Steinumwallungen, doch von dieser Mächtigkeit nicht wieder. Ein Forscher schreibt, daß diese Mauer bei St. Odilien zu den besterhaltensten und kolossalsten Denkmälern aus vorgeschichtlicher Zeit innerhalb Europas zählt. Die Stärke dieser Mauer beträgt 1570 mm, nur an einigen Stellen wird sie von dem natürlichen Felsen unterbrochen. Die Überlieferung will wissen, daß es einst Kelten sollen gewesen sein, welche dieses Riesenwerk schufen. Späterhin sollen sich dann Alemannen der Befestigung bemächtigt haben. Neuere

Forscher, voran Limes=Forscher Cohausen, möchten das Werk den Römern zuschreiben, welche innerhalb dieser Ringmauer ein festes Kastell errichteten, auf dessen Grund sich heute das Kloster und der Wallfahrtsort St. Odilien erhebt. —

Das Volk nennt die steinerne Umwehrung noch heute die Heidenmauer, hat aber trotzdem den Steinen besondere Kraft angedichtet, so daß man früher in der Umgebung kein Gehöft errichtete, ohne einen Stein von droben mit einzufügen. Davon singt ein altes Lied:

"Wer in der Gegend bauet,
Der nimmt zu seinem Haus
Von der zerfallnen Mauer
Sich einen Stein heraus.

Und glaubt, der Stein erteile
Dem Hause Festigkeit
Und allen, die's bewohnen,
Noch Heil in jeder Zeit." — —

Über eine ansteigende große Matte schritten die Freunde, während vor ihnen unter breit lastenden Laubbäumen die umfangreichen Gebäude des berühmtesten Wallfahrtsortes im Elsaß immer deutlicher hervortraten. Auf einem malerisch=zerklüfteten Felseiland erhebt sich St. Odilien 801 Meter hoch, weit, weit hinaus über den Rhein Umschau haltend. Geschichte und Sage, Kunst und Natur fügen sich an dieser geweihten Stätte zu einem wundersamen Akkord zusammen, dessen Wirkung sich kein Gemüt entziehen kann. Gleich der heiligen Elisabeth der Wart=

Heidenmauer bei St. Odilien.

burg, deren rührende Gestalt auch in den evangelischen
Herzen der Thüringer noch heute weiterlebt, so erscheint
uns auch hier die liebliche Gestalt der gütigen Heiligen
wie auf Goldgrund gemalt. Sie grüßt uns im Rauschen
der Waldwipfel, aus dem Felsgestein raunt ihr Name,
Wasser und Wiesengrund, Tal und Höhen sind für im=
mer mit ihrem Erinnern verknüpft. Wir wissen längst
durch die unbestochene Forschung, daß alles nur ein Werk
fälschender Mönche in frühesten Tagen gewesen ist, wir
lächeln über den Verkauf des Wassers aus dem Quell, der
ihren Namen trägt und das Blinde sehend machen soll,
und doch, und doch: es gibt poetische Gesetze, von denen
kein Herz mehr lassen will. Tells Apfelschuß ist gefallen,
trotz des Kopfschüttelns der Forscher, die klugen Weiber
von Weinsberg trugen ihre Ehegesponse auf dem Rücken
aus dem Tore der belagerten Stadt ... und die heilige
Odilie hat hier gelebt und hat Wunder ohnegleichen ver=
richtet. Es kann gar nicht anders sein!

Auch Goethe unterlag dem Zauber ihrer holdseligen
Gestalt. In „Dichtung und Wahrheit" schreibt er darüber:
„Einer mit hundert, ja tausend Gläubigen auf dem Odi=
lienberg begangenen Wallfahrt gedenke ich noch immer
gern. Hier, wo das Grundgemäuer eines römischen Ka=
stells noch übrig, sollte sich in Ruinen und Steinritzen
eine schöne Grafentochter aus frommer Neigung aufge=
halten haben. Unweit der Kapelle, wo sich die Wan=
derer erbauen, zeigt man ihren Brunnen und erzählt gar

manches Anmutige. Das Bild, das ich mir von ihr machte, und ihr Name prägte sich tief bei mir ein. Beide trug ich lange mit mir herum, bis ich eine meiner zwar späteren, aber darum nicht minder geliebten Töchter damit ausstattete, die von frommen und reinen Herzen so günstig aufgenommen wurde." Gemeint ist die Gestalt seiner Ottilie in dem von stiller Leidenschaft durchpulsten Roman „Die Wahlverwandtschaften". — — —

Nach der Vertreibung des römischen Herrenvolkes wurde das Kastell in eine erste schlichte Klosteranlage umgewandelt, die dann 933 durch die Einfälle der Hunnen geschändet und verwüstet ward. Im 12. Jahrhundert erstand darauf das Kloster Hohenburg in neuer und glänzenderer Gestalt. Inzwischen war die Mär von der frommen Büßerin Odilie aufgetaucht, und Papst Leo IX., der Elsäßer, zögerte nicht, klug und vorausfehend, die Grafentochter der Reihe der Kirchenheiligen einzuverleiben. Nun wuchs die Macht und Anziehungskraft der frommen Stätte. Kaiser und Könige naheten und nahmen im Kloster Unterkunft und schieden stets unter reichen Gunstbezeugungen. Später riß Sittenlosigkeit droben ein, Brände und sonstige Verheerungen machten der ehemaligen Klosterherrlichkeit ein Ende. Endlich erbarmte sich im Jahre 1853 der Bischof Räß von Straßburg der einst so berühmten Stätte. Er brachte durch Kauf St. Odilien wieder an die Kirche, erbaute neue Wohnstätten und ließ das noch Vorhandene aus früheren Tagen wieder herstellen. Vor allem richtete er die Wallfahrt ein. Ein Kloster im alten Sinne aber erstand nicht wieder. Tüchtige Laienschwestern, der III. Klasse des heiligen Franziskus angehörend, dienen jetzt droben. Sie stehen unter der Oberleitung der „Frau Mutter" und bedienen die Flut von Gästen, reichen den Tausenden von Pilgern Atzung, verwalten die Gasträume, eine Ferienkolonie, sowie das umfangreiche Haus für Sommerfrischler.

Den Brennpunkt aller Sehenswürdigkeiten bildet natür= lich die reichgeschmückte Kapelle, in der in einem wunder= lichen Steinsarge die angeblichen Gebeine der Schutz= heiligen sich befinden sollen. Wenn die Altäre im Kerzen= lichte funkeln, den Schmuck des Edelmetalles, der kost= baren Steine und sonstigen Zierates lebendiger noch machen, wenn Blumenduft und Weihrauchwolken sich mischen, sanfte Musik ertönt, lateinische Worte an die Ohren schlagen, uralte, schimmernde Gewänder gleißen, während durch die bunten Fenster Sonnenstrahlen herein= gleiten, auf den Knien eine ergriffene Menge den Gnaden= ort füllt: dann ist die Heilige nahe. Dann fühlt man ihre Segenshände und vermeint ihre liebliche Gestalt dahin= wandeln zu sehen.

Inmitten des umfangreichen Klosterhofes erhebt sich das Standbild der edlen Büßerin, der gottsuchenden Gra= fentochter. Sie hält ein aufgeschlagenes Buch in den Händen, dessen Deckel zwei Augen zeigt, das Gnaden= wunder damit versinnbildlichend. Auch sonst bietet St.

Odilien noch viel Sehenswertes an Kunst und Erinnerungen. Man muß an schönen Tagen hier oben landen. Dann entrollt sich ein sehr fesselndes Bild innerhalb des Klosterbezirkes. Wanderer und Wallfahrer drängen sich durcheinander. Landleute tauchen zwischen eleganten Parisern auf. Fromme Gesänge und Jodler, Wagenrollen und das Schwirren verschiedenster Sprachen mischen sich. In den Verkaufsräumen blüht der Handel mit geweihtem Quellwasser, mit Heiligenbildern, Rosenkränzen, Postkarten und Erinnerungsgegenständen. Ein wunderlicher Jahrmarkt, und doch übergossen von sonniger Poesie und eigenem Stimmungszauber.

Unsere jungen Freunde hatten Kapellen und sonstige Baulichkeiten nicht ohne Andacht aufgesucht, dann schritten sie in den weiten Speisesaal, die wohlverdiente Stärkung zu genießen. Nach aufgehobener Mahlzeit wandten sie sich am Ende des Kreuzganges in den ob seiner Aussicht berühmten Klostergarten, wo sich alles versammelt, was hier oben über Nacht vor Anker geht. Die ganze Wunderpracht des so reich gesegneten Wasgaus tritt uns hier wieder einmal vor Augen. Der Tag war im Sterben, da die Freunde sich hart an der Felsmauer an einem Tische niederließen. Wie behaglich konnte man nach heißer Tageswanderung die Beine strecken. Der Dampf der Zigarren kräuselte sich in die Abendluft. Reichste Anregung hatte ihnen dieser Tag wieder aus einem Füllhorn köstlicher Schätze geboten. Die Abendglocke war verhallt.

Aus dem Rheintale begannen leise Nebel aufzuwallen, erste Sterne zogen herauf.

Die Gedanken der Freunde wanderten weiter und weiter durch die hereinbrechende Nacht, bis die ferne Heimat vor ihren Sinnen heraufstieg. Da hoben sie die Gläser und gute Wünsche flatterten im Geiste zu allen Lieben. Schwer ward ihnen der Abschied von dieser ruhevollen Stätte. Endlich erhoben sie sich, ihr Nachtlager aufzusuchen. — — —

Ein schmetternder Fink gab ihnen am nächsten Moregn eine helle Reisenote mit auf den Weg. Am Friedhof und der Odilienquelle vorüber ging's nun hin, an verfallenen Kapellen und Kirchen vorbei, Niedermünster, St. Jakob, St. Nikolaus ließ sie ihre Schritte hemmen, Klosterpoesie und zerstörten Kirchenzauber zu genießen. Erst in der Försterei Landsberg wurde Halt gemacht, ehe man hinan zur freien Ausschau haltenden Ruine gleichen Namens sich wandte. Bis Ende des 18. Jahrhunderts verblieb der Sitz, allerdings zuletzt als Ruine, in den Händen derer von Landsberg. Aus diesem Stamme ging die bedeutenste Abtissin von St. Odilien hervor, Herrad von Landsberg, einer Base Kaiser Rotbarts. Unter ihr erlebte im 12. Jahrhundert das Kloster seine höchste Blütezeit. Es war eine ebenso gebildete als weit ausschauende Dame. Sie hat damals ihren „Hortus deliciarum" herausgebracht, eine Arbeit von 648 Seiten. Da hat sie alles hineingeschrieben, was die Welt draußen bewegte, dazwischen malte sie mit

Gold und bunten Farben gar zierlichen Schmuck. Es war, modern ausgedrückt, so eine Art „illustriertes Konversationslexikon". Dieses einzige und unbezahlbare Werk kam später in den Besitz der Bibliothek zu Straßburg. Als 1870 die Deutschen die Belagerung begannen, vergaß man in der Stadt ob aller Kopflosigkeit das unersetzliche Werk in Sicherheit zu bringen. Die Bibliothek geriet durch deutsche Geschosse in Brand, und so ging das Werk der großen Abtissin mit in den Flammen auf. Nur früher gemachte Durchzeichnungen und Nachbildungen sind uns verblieben. — —

Auch die etwas tiefer gelegene Klosterruine erzählt von Herrad von Landsberg. Um die Mittagsstunde erreichten die Freunde das Gerberstädtchen Barr. Alle Kanäle, welche den Ort durchfließen, sind mit Fellen bedeckt. Häute hängen über Stackete und füllen Höfe und Schuppen, und der beizende Geruch der Lohe wie übel duftender frischer Felle machen die eigene Stimmung von Barr aus. Aber das Städtlein besitzt noch ein interessantes Rathaus, das sich auf den Grundmauern der Wespermannsburg erhebt. Dann aber hat hier der am 18. Januar 1841 zu Baldenheim bei Schlettstadt geborene Komponist Viktor Nekler später seine Jugend in Barr verlebt, wo sein Vater als Pfarrer wirkte. Mit seinen Opern „Der Rattenfänger von Hameln" dem „Trompeter von Säckingen", sowie seinem Schwanengesang „Die Rose von Straßburg" hat der so früh aus dem Leben Geschiedene vieltausenden schlicht

Empfindenden Stunden des Frohsinns und der Weihe geboten. — —

Von Barr aus nahmen unsere Freunde den Weg ein Stück das Kirnecktal aufwärts, um dann seitlich an der Ruine der St. Annakapelle vorüber zur Burg Andlau sich zu wenden. In dieser Ruine erblickt man nicht nur das Stammschloß des noch heute lebenden Geschlechts Derer von Andlau, sondern sie stellt auch jene Burg dar, die innerhalb des Elsaß noch am letzten bewohnt gewesen ist. Noch im Jahre 1806 war sie die Behausung eines letzten Hüters. Bemerkenswert aber bleibt für den Jagdfreund, daß hier in der Nähe im Jahre 1695 der letzte Bär des Wasgau erlegt wurde. Zu Andlau gehörte auch die nach= barliche Burg Spesburg, von der sich noch ein starker Turm erhalten hat. Als der letzte Spesburger in der Schlacht bei Sempach 1386 fiel, kam die Feste in die Hände der Ritter von Andlau.

Von der Burg Andlau ist es nicht mehr weit nach dem Städtlein gleichen Namens, auf dessen Marktplatz sich die Bildsäule der heiligen Richardis erhebt, dem keuschen Weibe des verlotterten Königs Karl des Dicken. Wie Odilie, die Tochter Etichos, das Gebiet um St. Odilien mit ihren Wundern erfüllt, so Richardis das Andlauer Ge= biet. Ihren Totenschrein kann man heute noch im Chor der interessanten Pfarrkirche bestaunen. Auch diese fromme Gottesmagd hatte hier ein blühendes Kloster begründet, und ihre Taten verhalfen ihr dann später in den Himmels= stand.

Zwischen dem Barrer Wald zur Rechten und links dem Anblauer Wald, stiegen unsere Freunde langsam das Tal der Andlau hinan. Tief sogen sie den frischen Waldhauch ein.

„Offengestanden," bemerkte Franz, „Achtung vor den Lohgerbern in Barr und den Weihkesseln und Räucherbecken um die frommen Jungfrauen in St. Odilien und Andlau: aber ich bin doch froh, daß uns wieder deutscher Wald ins Gesicht schaut! 's ist 'ne andere Luft, geistig wie für unsere Gesichtserker, und man kann doch auch wieder singen, wie es einem ums Herz ist!" Er schleuderte den Lodenhut hoch in die Luft und fing ihn geschickt wieder auf. Dann sang er lustig unter den Bäumen hin:

„'s ist mir alles eins, 's ist mir alles eins,
Ob ich Geld hab' oder keins! — — —"

„Nein, ich will nicht protzen! Ohne pecunia, auf deutsch Mammon, kämen wir schwerlich bis nach Pfirt! Denn die Wirte Wundermild werden immer rarer! Gott sei's geklagt!"

Abgeschlossen von der Welt draußen, durch eine sanfte Stille wandernd, die nur vom Plätschern des Wildbaches wie eine verlorene Melodie an ihre Herzen drang, flogen die Gedanken der beiden heim ins Thüringer Land. Die letzten Sonnenpfeile schossen zwischen den Stämmen auf ihren Weg, hüpften über die Kiesel im Bache und verlöschten nach und nach.

„Jetzt geht der Bummel in der Residenz an, Ehrhardt.

Die wackeren Kollegen halten Heeresschau über die Schönen der Hauptstadt, und verängstigte Pensionsmütter irren suchend nach ihren Schutzbefohlenen durch die Gassen!"

„Dazwischen surren die Elektrischen, und hinter der großen Spiegelscheibe im Wiener Café sitzt unser Hilfsknochen, der wackere Börner, pafft wie ein alter Stadtsoldat, nimmt ab und zu einen tiefen Schluck aus der Tulpe Pilsener und versteckt sich dann wieder hinter dem Riesenformat der ‚Magdeburger Zeitung‘."

„Sein Leiborgan!"

„Er ist ja zwischen Zuckerrüben geboren!"

„Ach, aber sein Wesen mangelt jeder Süße! Wer bei dem 'was auf dem Kerbholz hat, mag seine Seele Gott befehlen!"

„Und daheim wandeln sie jetzt zum Dämmerschoppen!"

„Meister Junker läßt zum letzten Male Hammer und Amboß klingen. Dann geht's zur Waschschüssel, die Pfeife wird in Brand gesetzt und er sitzt vor der Tür..."

„Oder bastelt im Garten an seinen Rosen! 's wird Zeit, daß wir mal wieder an ihn eine Karte pfeffern!"

„Wird gemacht! Heut' abend noch! Aha, da tauchen die ersten Hütten auf! Nun ein gutes Haus..."

„Freundlichen Wirt, volle Becher..."

„Und morgen früh eine kurze Rechnung!"

Lachend traten die Freunde aus dem Tannenwalde auf die herrliche Bergmatte, auf der die Gehöfte von Hohwald sich breiten.

Neben Wangenburg und den „Drei Ähren" zählt heute Hohwald zu den gefeiertsten Sommerfrischen des Elsaß.

Es hat einen guten, hellen Klang auf und ab im Wasgau. Der königliche Tannenwald, der sich wie eine dunkelgrüne Mauer um die entzückende Bergmatte legt, schützt gleichsam die Paläste und Hütten des Gebirgs= ortes vor jedem rauhen Anprall der hastenden Welt draußen. Wer aber die Welt aus der Ferne grüßen will, der steigt zum 971 Meter hohen Neuntenberg hinan, von dessen Kuppe ein berauschend schönes Bild zu genie= ßen. Er schaut zum Großen Belchen, dem Hochfeld, der Hohkönigsburg, St. Odilien. Sein Auge fliegt zum blau= umdufteten Schwarzwald hinüber und senkt sich dann zur Rheinebene nieder, aus der, lichtübergossen, Städte und Burgen, Klöster und Kapellen leuchten. Von wo Wein= berge schimmern, wo durch fruchtbares Gelände der Welt= verkehr dampfend auf Eisenbahnschienen zwischen Süd und Nord des deutschen Vaterlandes auf und nieder rollt. — —

Nach dem Abendessen saßen sich die Freunde behaglich gegenüber.

„Harfe heraus, Mensch! Wir dürfen den alten Onkel in Pfirt nicht auf dem Trocknen sitzen lassen. Sonst macht er's mit uns ebenso!"

Noch diesen Abend ward dann eine Karte nach Pfirt in den Briefkasten am Gasthause versenkt, die nachstehende Strophe trug:

„Von Tag zu Tag in wachsender Freud'
Geht's durch des Elsaß Gauen,
Und eh' noch des Mondes Sichel sich neut,
Wirst du die Wanderer schauen.

Sie wollen Frohsinn und Liederlust
In dein stilles Haus dir tragen,
Sie bringen dir Grüße vom Thüringer Land,
Aus deiner Jugend Tagen."

Franz hatte die Strophen ein paarmal überflogen. Dann schüttelte er bedenklich das Haupt.

„Schade! Daß wir Durst mitbringen, davon ist nichts zu lesen. Die Dichter bleiben sich doch immer gleich! Kein fester Boden unter den Füßen! Schrecklich!"

„Alter Spötter!"

Frohgemut begab man sich zu Bett, während draußen der Nachtwind im dunklen Tannenwalde leise zu rauschen anhob. — — —

Neuntes Kapitel

Ein frisches deutsches Lied schwang sich zu den ernsten Tannenwipfeln auf, als am nächsten Morgen Ehrhardt und Franz Hohwald Lebewohl sagten und über Dorf Breitenbach den Abstieg ins Weilertal nahmen. Der junge Tag sandte ihnen die Sonne entgegen und weckte wieder tausend Wunder in dem starken Bergwalde. Von strotzender Kraft redeten diese sturmerprobten Bäume, von Anmut die eingesprengten Matten. Da war Frau Poesie über Nacht drüberhingeschritten, und von ihrem schleppenden Gewande waren vieltausend Perlen im Grase hängengeblieben, die nun im Morgenlichte funkelten und blitzten. Einige Frühaufsteher von Schmetterlingen taumelten von Blüte zu Blüte und schwangen sich dann im stummen Glücke höher und höher, dankbar die Quelle alles Lichtes suchend. Käfer summten dazwischen, und tief im Forst hämmerte unablässig Meister Specht. Die Freude der Natur teilt sich rasch dem Menschen mit. Auch darin zeigt sie sich freigebig. In den Herzen unserer Freunde schwang alles mit und beflügelte gleichsam ihre Schritte.

Als sie in Weiler angekommen waren, bestiegen sie den Bahnzug und rollten zwischen Ruinen, Weinbergen und Wiesen das Tal hinab nach Schlettstadt. In der Geschichte des Elsaß besitzt diese Stadt einen gar hellen Klang, um der berühmten Männer, die hier das Licht der Welt erblickten, doch auch um der Treue willen, mit der die einst grunddeutschen Bürger noch lange mit ihrem Herzen am angestammten Mutterlande hingen. Am Spitale der Stadt erblickte man einen seltsamen Schmuck befestigt, den knöchernen Überrest eines Sauriers. Das Volk, das ja in solchen Dingen alles besser weiß und jeder Geschichtsforschung so gern ein Schnippchen schlägt, erzählt, dieser Knochen sei eine Rippe des Riesen Schletto, der einstens den Ort begründet habe. Jedenfalls hatte sich die junge Siedelung der besonderen Gunst deutscher Kaiser zu erfreuen. Schon früh erhob sich hier eine Pfalz. So hat Karl der Große am Weihnachtsfest im Jahre 775 hier eine Urkunde ausgestellt. Alle Hohenstaufen zeigten sich dem Orte gewogen und der große Friedrich ließ Schlettstadt mit Mauern und Türmen umziehen. Bei den zehn freien elsäßischen Reichsstädten hatte Schlettstadt den Vorantritt. Durch alle Stürme und Wetter hielt es treu zu Kaiser und Reich. Als das zertretene Elsaß längst der

Raubgier Frankreichs anheimgefallen war, blieb die Stadt noch gut deutsch gesinnt. Das hat damals den verwöhnten Sonnenkönig so geärgert, daß er der Abordnung von Bürgern den Anblick seines frommen Angesichts weigerte. Dafür ließ er die Befestigungen schleifen, die erst später wieder hergestellt wurden. Späterhin ist dann auch Schlettstadt gut französisch geworden und hat nur widerwillig am 24. Oktober 1870 seine Tore den deutschen Belagerern geöffnet.

In dieser Stadt am Westrande des Wasgau fand der Humanismus einen fruchtbaren Boden. Zwei der bedeutendsten Vertreter desselben gingen hier hervor: Jakob Wimpfeling und Beatus Rhenanus. Straßburgs berühmter Reformator, Martin Butzer, erblickte hier das Licht der Welt. Auch noch viele andere Schlettstädter wirkten in Schrift und Wort für die neue, befreiende Glaubenslehre und das Recht freier Wissenschaft. Im Münster zu Schlettstadt kann man noch heute den Grabstein von Wimpfeling schauen. Der von Rhenanus ging leider verloren, doch noch von einigen Anverwandten birgt das Gotteshaus Erinnerungstafeln. — — —

Ein Wallfahrtsziel für alle, die Schlettstadt besuchen, bleibt die Hohkönigsburg, welche hoch über der Stadt in mächtigen Formen, gebieterisch weit hinaus über das breite Rheintal leuchtet. Ein Bähnlein führt bis zur Haltestelle Wanzel, dann steigt man durch Hochwald zu der Feste empor. Keine Burganlage des Wasgau weist solche Riesenverhältnisse auf. Beträgt doch ihre Länge einschließlich der Umfassungsmauern 250 Meter allein! Im lebhaftesten Gegensatze zu der wahrhaft königlichen Pracht dieser Stätte steht die Armseligkeit ihrer Geschichte. Nach mancherlei harten Geschicken war die Burg an die Grafen von Thierstein im Jahre 1479 gekommen, welche sich nun anschickten, durch gewaltige Ausbauten und eine schimmernde Einrichtung und Ausgestaltung ihr einen Glanz zu verleihen, vielleicht damit ihre eigene Unbedeutsamkeit zu decken. Denn dieses reiche Geschlecht hat nie in die Geschichte des Elsaß eingegriffen, ruhmlos ist es hingegangen. Späterhin haben Schweden den Bau arg beschossen, die Burg wurde verlassen und zerfiel teilweise. Aber ihr Ruinenfeld war von einer hoheitsvollen Schönheit, wie sie nur noch wenige Sitze in Deutschland, Heidelberg voran, besitzen.

Hundertjährige Bäume wölbten sich über den tief vergrasten Burghof, den Eindruck des Verlassenen und Verträumten noch zu erhöhen. Ein malerisches Tor, zwei Haupttürme, den Eingang begrenzend, bewacht von zwei Löwen, so empfing uns einst die Hohkönigsburg. Und dann ging es treppauf, treppab, über Höfe und durch gut erhaltene Säle, durch Reihen von Gemächern, an Kellern, Kapellen und Brunnen vorüber. Allüberall noch Reste zertrümmerter Pracht, Steinmetzkunst der Renaissancezeit. Alles stand weit auf für jeden, der gekommen war, zu träumen, zu genießen. Und saß man in einem überdachten

Saale nieder und lauschte mit innerem Ohre auf das laute Bechern der Herren, auf Schwertklang und Harfensang, wie die Schleppen der Frauen über den Estrich rauschten .... da löste sich irgendwo plötzlich ein Steinchen im Gemäuer und kollerte anschlagend auf die Steinfliesen nieder. Und erschrocken wandte man sich um und blickte aus, ob nicht gespenstische Schatten vorüberglitten. In dieser Poesie der seltsamen, einzigen Stätte vergaß man völlig die Bedeutungslosigkeit der Burg für die Geschichte. Die herrlichen Ruinen sprachen nur von Poesie und Stimmungszauber der Stunde. Da alles ist nun für immer dahin. Gesperrt ist die Hohkönigsburg für den Fremden, aufgehoben das Schönste, was bisher diesen Bau mit tausend Rosen kränzte. Die Poesie erstarb. Kunstreiche Prosa empfängt heute den Wanderer. —

Ein bewundernswertes Stück Mittelalter erstand aus malerischen Ruinen, entworfen und ausgeführt vom Burgenbaumeister Bodo Ebhardt. Doch niemals werden diese glanzvollen Räume dauernd Gäste bergen. Zu Schweigen und Träumen ist die Hohkönigsburg verurteilt. Ein Schaustück ward aus Mitteln, die das Reich bewilligte, aufgerichtet. Wer die Burg noch in ihren herrlichen Ruinen gekannt hat, der hat auch empfunden, welch geheimnisvolles Leben aus diesen Steinen floß und sproß. Jetzt weht vornehme Zurückhaltung und abweisende Hoheit um den Sitz. Es war im Jahre 1899, da die Stadt Schlettstadt die Ruine unserem Kaiser als Geschenk darbot. Geschenke

Die Hohkönigsburg nach der Wiederherstellung.

aber verpflichten. So erstand der Sitz der Grafen von Thierstein im schimmernden Gewande. Doch die Ritter fehlen, das Burgleben mangelt. Ein glänzendes Gefäß, in dem kein Edelwein perlt. — — —

Was einst Hohbarr bei Zabern war, das gilt heute von der Hohkönigsburg: Sie ist das „Auge des Elsaß" geworden. Sie lockt schon von weitem. Sie leuchtet in allen Farben, wenn drüben über den Höhen des nachbarlichen Schwarzwaldes die Sonne aufraucht und ihre Strahlen die Burg wie in Goldströme tauchen. Beherrschend steht sie da, eine echte Kaiserburg.

Über den Berggrat, der hinüber nach der Sommerfrische Tannenkirch führt, schritten die Freunde wohlgemut. Reizvolle Aussichten nach beiden Seiten kürzten ihnen die Wanderung. Da und dort ragten aus dem Waldgewirr seltsame Felsgebilde, alten Druidensteinen ähnlich, oder Heldenmalen aus nebelgrauen Tagen. Und dann schimmerten ihnen von herrlich umwaldeter Bergmatte das Dorf entgegen, das einst den Namen St. Annenkirch trug, sich aber dann mit Recht in Tannenkirch wandelte. Denn reckenhafter Wald königlicher Weißtannen schlingt einen dichten Mantel um die Bergsiedelung. Da und dort aufgestapelte Holzscheite strömten herbfrischen Harzduft aus, in das sich der Geruch frisch gemähten Heus mischte.

Nach gemütlicher Rast, bei der die Gläser auf die ferne Heimat angeklungen und Kartengrüße mit dem

Bilde der Hohkönigsburg manch guten Freund aufgesucht hatten, erhoben sich die Freunde und nahmen die Richtung nach Rappoltsweiler. Talab ging's an der Ruine Reichenberg vorüber zuerst in das altertümliche Städtlein Bergheim. Mancherlei Interessantes aus alten Tagen ward besichtigt, und als sie aus dem Rappoltsweiler Tore schritten, neben dem eine mächtige Linde seit Jahrhunderten Wacht hält, schlug Franz seinen „Führer" auf und sagte lachend:

„Achtung, mein Lieber, ehe wir weiter talab ziehen. Da lese ich von einem merkwürdigen Vorrecht, das einst der Kaiser Wenzel von Böhmen diesem Weinneste verlieh. Darüber stehet geschrieben also: ‚Dieses Städtlein hat eine große Freiheit für die Totschläger und Schuldner, also daß ein Totschläger, so aus Bewegnus des Gemühts einen Totschlag begangen, auf 100 Jahre und einen Tag (oder sein Lebenlang) sich allda aufhalten kann'. 100 Jahre und ein Tag! Aber der olle Böhme soll ja ewig betrunken gewesen sein und sein halbes Reich versilbert haben. Wer weiß, wie viele Stückfässer das der Stadt gekostet hat! Im Dusel ist er jedenfalls bei Unterzeichnung der Urkunde gewesen! Der hätte alle Guttempler wahrscheinlich hängen lassen, die ihm unbequem geworden wären! Sic transit gloria mundi!" — — —

Franz hatte die letzten Worte laut-übermütig hinausgerufen. In diesem Augenblicke scholl hinter beiden ein volles Lachen eines Mannes. Als beide sich umwandten, sprang soeben eine Gestalt aus dem angrenzenden Walde auf die Straße. Sie trug eine grüne Pflanzentrommel über der Schulter, in der Hand einen kleinen eisernen Spaten. Die weißen Manschetten waren über die Uhrkette gezogen, inmitten der Brust baumelte befestigt ein lichter Hut. Hinter scharfen Brillengläsern blickten ein paar gute, kluge Augen in die Welt.

„Hallo!" sagte der Mann lachend und musterte freundlich die jungen Wanderer, „ich gehe sicherlich nicht fehl: Fahrende Schüler, die sich es zur Aufgabe gemacht haben, unser schönes Elsaß sich mal anzuschauen. Das kann ich nur höchlichst loben! Wir werden vom Reiche in dieser Beziehung noch immer etwas stiefmütterlich behandelt. Aber wer nur einmal hier gewesen, der wird zum Apostel daheim. Hab' ich recht?"

Die Freunde bejahten stürmisch die Frage.

„Wenn's Ihnen recht ist, begleite ich Sie bis zur Stadt. Es gibt ja auch Magister, mit denen sich's leben läßt. Und die auf Pflanzen und Käfer ausgehen, zählen gewöhnlich zu den Friedfertigen." Er lachte wieder gutmütig, stellte sich vor und reichte dann jedem der Wanderer die Hand. „Aus Thüringen? Ich kenne es leider nur aus Büchern, aber was ich mir da alles zusammengelesen habe, hat mich mit Sehnsucht erfüllt, selbst noch einmal dorthin zu kommen. Ein frischer geistiger Wind weht dort, der macht Herz und Augen hell. Wie könnte es auch anders sein?! Wo ein Dr. Martin Luther über die Bühne schritt, wo die Reformation gleichsam in der Wiege lag ... Kreuz divi domine! Da pflügen und eggen die Pfaffen über Steingeröll. Auch ihre alten Sachsenkaiser waren ganze Kerle! Hut ab vor denen. Und dann die Wartburg...die Minnesänger ... aber ich will hier keine Geschichte verzapfen. Neues könnte ich Ihnen damit auch nicht sagen. Wie weit gedenken sie noch südwärts zu gehen?"

Die Freunde nannten das Ziel und flochten ein, was der Grund ihrer Ferienfahrt gewesen sei.

„Bravo! Das lobe ich mir! Das spornt an. Und wenn Sie erst mal flotte Musensöhne sind, dann kommen Sie wieder ins goldene Elsaß. Gewisse Stellen soll man ja überhaupt zweimal lesen! Im übrigen: Rappschwihr, so sagt man hier, wird ihnen gefallen. Ein gemütlicheres Nest als diese alte Pfeiferstadt kenne ich kaum wieder im Wasgau. Auch der unvergeßliche und selige Reichspostmeister Stephan saß mal vier Wochen hier und konnte sich nicht losreißen. Sogar ein Bändlein Gedichte ward hier geboren, das er dann für seine Freunde unter dem Namen Kurt von Rappolt herausgab. Heute abend wollen wir uns treffen, da können wir auch von Ihrer grünen Heimat noch ein wenig plaudern. Ich zeige Ihnen hernach den Weinsticher, da fließt ein trefflicher Zahnacker. Sie werden dem Magister dann gestatten, daß er Sie zu einer Flasche einladet. Sie anzuspornen, mal wieder in das Elsaß späterhin die Nase zu stecken."

Unter anregenden Gesprächen hielten die Drei Einzug

in dem anheimelnden Städtlein. Der Herr Magister empfahl sich, und die Freunde suchten den Gasthof auf, um dann zu den drei Burgen noch hinanzusteigen, welche Rappoltsweiler einst hohes Ansehen gaben und heute den prächtigsten Rahmen bilden.

Wem würde das Herz nicht aufgehen, wenn der Name Rappoltsweiler erklingt? Der traute Zauber mittelalterlicher Stadtpoesie steigt herauf, Ritterglanz und Schönheitsfreude. „Drey Schlösser auf einem Berge", wie ein alter Spruch anhebt: das ist Rappoltsweiler, unter der Franzosenzeit Ribeauville geheißen. Landschaftlich ganz hervorragend eingebettet, berühmt durch seine Geschichte, merkwürdig durch seinen Pfeifertag, genießt außerdem sein Wein, der Zahnacker, bei jedem Kenner besondere Verehrung. Er nimmt noch immer den ersten Rang unter den Elsäßer Weinen ein, deren beste Lagen von Schlettstadt südlich sich am Osthange hinziehen.

Urkundlich wird der Ort Rappoltsweiler im Jahre 768 zum ersten Male erwähnt. Im Jahre 1178 wird seitens der Stadt Basel der Graf von Urselingen mit Rappoltstein belehnt. Er gilt als der Stammvater des nachher blühenden Geschlechtes, das sich fortan den Namen der Feste beigelegt hatte. Darum hat die Stadt diesen Ritter auch durch Errichtung eines Denkmalbrunnens geehrt. Die Rappoltsteiner brachten einen hellen Schimmer über das aufblühende Gemeinwesen und erwirkten auch die ersehnten Stadtrechte. Aus der weiblichen Linie ging übrigens das Königshaus Bayern hervor, ebenso ist das Haus Hohenzollern mit den Rappoltsteinern verwandt. Es würde hier zu weit führen, der umfangreichen Geschichte nachzugehen. Die Ruinen dreier Burgen ragen noch als Zeugen mittelalterlicher Pracht hoch über der Stadt empor: die Burgen Giersberg und St. Ulrich, sowie die noch höher horstende und umfangreichste Ruine Hoh-Rappoltstein. St. Ulrich zeigt noch in den erhaltenen Bauteilen, daß sie ehemals nicht nur die größte, sondern auch prächtigste von allen dreien gewesen ist. Türme, Rittersaal, Kapelle, Portale und Tore, Treppen und Altane haben sich noch in köstlichen romantischen Überresten erhalten. Auch für unsere jungen Freunde war es ein hoher Genuß, zwischen diesen drei steinernen Zeugen aus Rappoltsweilers großen Tagen herumzuklettern und sich dazwischen immer wieder der lachenden Aussicht auf die Stadt, das Rheintal hinab bis zu den leis umschleierten Spitzen der Schweizer Berge zu freuen.

Auch bedeutende Männer haben drunten das Licht der Welt erblickt. So der große protestantische Kanzelredner und Begründer des Pietismus, Propst Spener, der 1705 in Berlin starb. Dann der große Physiker Karl August von Steinheil, der Erfinder des ersten galvanischen Schreibtelegraphen.

Welch liebenswürdige Poesie hat aber ein seltsames Recht um die Stadt gewebt, dem Volksgemüte bis in unsere Tage immer wieder neue Nahrung gebend, so daß

jetzt wieder ab und zu in festlichen Spielen die Erinnerung
daran buntfarbig geweckt wird?! Denn Rappoltsweiler
war das Königreich der „barenden Lüte des Königrichs".
Hier fanden alljährlich die berühmten Pfeifertage statt,
die heute noch als „Rappschwihrer Pfifferdai" fortleben,
als die übermütigste Kilbe (Kirmse) des gesamten Elsaß.
Durch die Kreuzzüge hatte sich das Volk der Fahrenden,
Musikanten, Gaukler, Sänger, so ungeheuerlich vermehrt,
daß diese „onechten Lüte" begannen eine Landplage zu
werden. Fand doch hoch und niedrig Gefallen an diesen
Künsten und den bunten Tollheiten der Armen. Nach
und nach hatte sich eine Pfeiferbruderschaft herangebildet.
Sie suchten Recht und Schutz, man begann sich in einzelne
Gruppen zu ordnen, von denen jede einzelne sich einen
König wählte. So hatten die Kesselflicker sich die Herren
von Rathsamhausen erwählt, daß diese als Könige ihre
Rechte vertreten möchten. Die Pfeifer aber waren zu den
Grafen von Rappoltstein gekommen, ihnen die Königs=
würde anzutragen. Was auch gar gnädig angenommen
wurde. Die erste Urkunde, welche den Pfeifertag in Rap=
poltsweiler erwähnt, ist ein Brief des Grafen Wilhelm I.
von Rappoltstein 1461 an den Bischof von Basel. Dieser
Brief bildet ein Ehrenmal für den Hochsinn, der das
ritterliche Geschlecht der stolzen Kirche gegenüber bekundet.
Zwanzig Bitten für die Armen legt er dem Kirchenfürsten
vor, darunter auch jene, fortan seine Pfeifer wieder zum
Genusse des Abendmahles zuzulassen. Es wurde alles ge=

währt und fortan kehrte wieder Zucht und Frömmigkeit in die bunte, heimatlose Schar zurück. Mit Recht hat man denn auch in dem neuen Festspiele diesen Grafen als den Mittelpunkt der Handlung hingestellt. Durch das Mittelalter hindurch haben dann die Pfeifertage in Ehren bestanden und ihre Schilderungen entrollen köstliche und fesselnde Bilder. Als Reifrock und Haarbeutel aufkamen, war der Nährboden für mittelalterliche Poesie eingeschlafen. Die Marseillaise sang das Grabgeläute. Erst unsere Tage haben dann im Erinnern das Fest, jetzt von Bürgern dargestellt, wieder aufleben lassen. — — —

Rappoltsweiler zeigte ehemals nicht nur eine reichgetürmte Umwehrung, sondern war auch ganz merkwürdig in seinem Innern durch Türme und Mauern in vier kleinere Stadtteile abgegrenzt. Von diesen Innentürmen hat sich noch der Metzgerturm erhalten. So manches altertümliche Haus, malerische Aushängeschild, Wappen und reich gegliedertes Fachwerk läßt uns bei einer Durchwanderung des Städtleins stillestehen. Im Rücken desselben steigen die Rebterrassen bis zu einer Höhe von 400 Meter empor. Noch höher ragen aus herrlichstem Laubwalde die berühmt gewordenen drei Schlösser in den stillen Himmel. Rühriges Kleinleben füllt Markt und Gassen, und wenn der Abend sinkt, so wandeln heiteren Antlitzes ehrsame Bürger vergnüglich in die Stuben der Weinsticher, an einem guten Tropfen offenen Weines sich zu laben.

Auch unsere Thüringer Freunde stellten sich zur angegebenen Zeit in dem bezeichneten Wirtshause ein. Noch pünktlicher aber war der Herr Magister erschienen. Er sah recht aufgeräumt aus und winkte den Eintretenden zu, da diese im Rahmen der niedrigen Tür auftauchten.

„Es freut mich, daß Sie Wort halten," lachte er. „Es lohnt sich schon, in Rappoltsweiler einmal die Beine unter den Tisch eines unserer Weinsticher zu strecken." Er winkte dem dienenden Geiste, und bald darauf klangen drei Gläser hell aneinander. „Wir werden nicht über die Gebühr unsere Sitzung ausdehnen, denn morgen winkt Ihnen wieder ein Wandertag. Da darf ihren Pedalen kein Bleigewicht anhaften. Gelt? Aber prüfen sollen Sie mit mir die Güte unserer Reben, und ein paar Stündlein wollen wir noch plauschen, und wenn Sie heimkehren, dann künden Sie nur recht laut von dem gelobten Lande Elsaß, in dem Milch und Honig fleußt, in dem der Wein des Menschen Herz belebt und alle Grillen zum Teufel jagt."

„Stoßen Sie mit mir an, Jungthüringen: Die Blume unseres Weines sei dem sonnigen Elsaß geweiht! Wer es kennen gelernt hat, der muß es lieben, ob er will oder nicht. Tragen Sie diese Liebe mit heim, meine jungen Freunde, als das schönste Vermächtnis, das ihnen unser Wasgau mitgeben kann."

Begeistert fanden sich die Gläser. Was noch in dem Stübchen Platz genommen hatte, wandte die Köpfe der kleinen Gruppe zu. Freundliche Blicke und zustimmendes Kopfnicken lohnte die kleine Rede des Herrn Magisters. Es mochte gegen zehn Uhr sein, da die drei sich erhoben und auf die Straße hinaustraten. Mondschein lag blendend auf der Gasse. In seinem seligen Lichte ragten silberumflossen die „drey Schlösser auf einem Berge". Vereinzelte Tritte und Stimmen unterbrachen die weite Stille. An dem Gasthofe schüttelte der Herr Magister den Thüringern die Hände.

„Leben Sie wohl, meine jungen Freunde. Wenn ich Sie auch nicht in mein Herbarium hineinpacken kann: Sie sollen mir trotzdem ein herzliches Erinnern bleiben. Und nun: Gut Wanderglück allerwege! Leben Sie wohl!" Er drehte sich kurz auf dem Absatz herum und verschwand in einer nahen Seitengasse.

„Herrgott, Mensch," sagte Franz, da beide die schmale Treppe zu ihrem Gelaß hinanstiegen, „wie wär's, wenn wir um Nachurlaub bei unserem Direx einkämen? Die Sache raucht sich immer trefflicher an! Wenn sich bei diesem verehrungswürdigen Magister das Leben mit der Schule deckt: der edle Mann müßte unbedingt unter die Elsäßer Säulenheiligen versetzt werden!" — — —

Beim ersten Morgenimbiß waren unsere Wanderer übereingekommen, ehe sie sich wieder dem Gebirge zuwandten, erst noch dem Städtlein Reichenweier einen Besuch abzustatten.

„Es kostet ja keine Stunde, Franz," hatte Ehrhardt

bemerkt, „dann sind wir es auch Wilhelm Hauff schuldig."

„Natürlich," scherzte Franz, „wenn's um das Ansehen deiner Zunft geht, kommt's dir auf ein Paar Stiefelsohlen nicht an. O, diese Lyriker! Also, marsch!"

Der Weg führte über Hunnenweier, so genannt nach einer im Jahre 687 hier verstorbenen Wohltäterin Hunna, die dann später heilig gesprochen wurde. Bald darauf erreicht man das altertümliche Reichenweier, wo noch so mancher deutsche Kernspruch zwischen dem Balkenwerk malerischer Häuser auf jene Tage hindeutet, da das Elsaß treu und zähe am Deutschen Reiche hing.

Von Reichenweier wandten sich die Freunde quer hinüber in das Tal des Strengebachs, empor die Richtung zur Dusenbachkapelle nehmend. Durch Jahrhunderte war diese Wallfahrt, die einst das wundertätige Bild der Frau von Dusenbach bewahrt hatte, zur Ruine geworden, die späterhin Malern und Wanderpoeten ein lockendes Ziel um ihrer romantischen Umgebung wegen bedeutete. Das Gnadenbild hatte sich die Pfeiferschaft ehemals ausersehen. Zu „ihrer" milden Frau von Dusenbach pilgerte das fahrende Volk, die bedrängten Gemüter zu erleichtern. Als die Pfeiferschaft einging, die Kapelle verfiel, da wanderte das Gnadenbild hinab in die Pfarrkirche von Rappoltsweiler, wo es ein volles Jahrhundert Heimatsrechte genoß. Nun hat man die Kapelle wieder sauber aufgebaut, das Bild, welches einst Egenolph von Rappoltstein im Jahre 1219 aus dem Gelobten Lande heimbrachte, ist wieder in die Kapelle eingezogen ... doch die Poesie ist der Stätte für immer entflohen. Freilich die köstliche Lage auf harter Felsenkante, umwogt von dem grünen Mantel des Hochwaldes, konnte auch der Neubau nicht verwischen. — — —

Die Freunde waren waldein höher und höher gestiegen, hatten auf der Hochmatte noch einmal Tannenkirch begrüßt und wandten sich nun in das Gewirr des Tännchel hinein. Echte, unverfälschte Waldespoesie ist hier noch auf Stunden zu Hause. In tiefen Zügen sogen die Freunde den herbfrischen Hauch der weiten Wälder ein und ließen dann wieder die Augen glücklich über das umbuschte Gewirr all der Felsenpracht schweifen, die fort und fort neue Gebilde gleichsam aus dem moosigen Boden hervorzauberte. Allüberall sahen sie verschwiegene Klüfte, geheimnisvoll von Sagen und Mären umraunt. Wie das in den Ginsterbüschen knisterte, durch das hohe Heidekraut wie auf Sohlen schlich! Eine Felswildnis zeigt sich allüberall dem Auge, in dem noch mancher Wolf während der Sommerzeit mag sein gesichertes Versteck haben. Denn dieser Würger ist im Wasgau noch immer nicht ausgerottet, und in hellen Winternächten flüchtet so mancher Isegrim hinab, um über die Rheinebene zum Schwarzwald zu wechseln, hungernd in den stillen, eingeschneiten Dörfern nach Beute spähend.

Schroffen und Abgründe wechseln mit düsteren, wald-

umsponnenen Felskammern, unzugänglich, vielleicht noch
von keines Menschen Fuß je betreten. Waldriesen liegen
dazwischen, im Toben der Elemente wie in einer Schlacht
hingestreckt. Niemand kümmert sich um die Baumleichen.
Langsam vermodern sie, während ringsum neues Leben
mit frischen Trieben fröhlich zur allbelebenden Sonne
aufsteigt. Buschwerk mit duftigen Himbeeren, von schwarz=
glänzenden Brombeeren überschüttete Sträucher wechseln
mit des Stechapfels zackigem Geäst. Ab und zu springt
plötzlich ein Altan heraus, dem Wanderer freie, köstlichste
Aussicht über schweigende Hochwaldspracht und sonnen=
glitzernde ferne Höhen gewährend. Wir sehen blauen
Rauch über einem Kohlenmeiler schweelen, höher und
höher zu den Wipfeln strebend, um sich dann in der blauen
Luft zu verlieren. Prasselndes Holzfeuer wallt an einem
Wege auf. Holzhauer haben da ihre Werkstatt aufgeschla=
gen. Gibt's denn eine schönere Werkstatt auf dieser Got=
teswelt, denn den deutschen Hochwald?

Endlich standen unsere Freunde auf der Kuppe des
933 Meter hohen Tännchel, und ihre Blicke weideten sich
entzückt an dem prächtigen Rundbilde. Über das Rheintal
zu dem Schwarzwalde flog das Auge, zu dem gegen=
über vorgeschobenen Kaiserstuhl. Sie grüßen die drei Exen,
den Belchen, Hoheneck, ein schier unübersehbares Ge=
woge und Geschiebe von blitzenden Wäldern und Bergen.
Ruinen und Burgen ohne Zahl sind über das weite Bild
ausgestreut, und unter ihnen nimmt die Hohkönigsburg

den beherrschenden Sitz ein. Westlich zeigte sich ihnen auf sammetgrüner Alm Altweier, das Endziel des heutigen Tages. Hoch über seinen Behausungen erhebt sich lockend der Brézouard. Nicht satt genug konnten sich die Freunde an dem Landschaftsbilde sehen. Hätte der Magen nicht immer lebhafteren Einspruch erhoben, noch lange wären sie sitzengeblieben.

„Schwach sein heißt Mensch sein!" zitierte Franz halb melancholisch. „In mir bäumen sich Sturmesgötter auf."

„Auch mich zieht's zu den Fleischtöpfen von Altweier! Schade, daß Leib und Seele Erbfeindschaft sich geschworen haben!"

Sie brachen zögernd auf und schritten längs der Heidenmauer hin, welche sich zur Rechten des von Felsgruppen bedeckten Kammes entlangwindet. Auch hier wieder drängt sich jedem Wanderer die Frage auf: Welch unbekanntes, längst heimgegangenes Volk errichtete einst dieses ehrwürdige Kulturwerk, das nun bis in die Tage des Dampfes und der Elektrizität hinein sich gerettet hat? Fast drei Kilometer lang folgt man der geheimnisvollen Mauer, die vor Jahrtausenden fleißige Menschenhände in düsterer Waldwirrnis schufen. Behält das Volk am Ende recht, das da heute noch behauptet, diese Mauer hätte einst einen riesigen heidnischen Opferplatz umschlossen? Und worauf beruft es sich? Auf die zahllosen Steinbildungen, an denen man hier oben vorüberschreitet, die ungeschlachten, plumpen Steintischen gleichen, auf denen in nebel=

grauen Tagen Druiden Menschen- und Tieropfer darbrachten? Uralte Überlieferungen erzählen sogar, daß in früheren Zeiten mächtige Eisenringe an einem Teil der Steine befestigt gewesen seien. Die stammten noch aus den Tagen, da der Rheinstrom bis zu diesen Höhen emporgriff. Schiffe haben dann an den eisenberingten Steinen Ankerplatz gefunden. Das hat ein Schelm sich zu nutzen gemacht. Denn der erstaunte und entzückte Wanderer gewahrt plötzlich in der Tat solch einen Stein, an dem ein wuchtiger Eisenring hängt. Aber ach, betrachtet er den Fund näher, so begrüßt ihn die Inschrift: „Salus in diluvio Noae. J. J. Becker. M. D. CCCLXXV."

Lachend hatten die Freunde die Worte überflogen.

„Der alte Noah bleibt doch ein Hauptkerl!" sprach Franz. „Witzig selbst da, wo ihm's Wasser fast bis an der Kehle stand."

„Dafür hat er sich dann am Weine etwas zugute getan."

„Allerdings, das hätte ich ja bald vergessen. Übrigens nichts mehr vom Weine! Schon der Gedanke bereitet mir Qualen. Für zehn Minuten nur mal den Stab Mose in der Hand! Wer weiß, in diesem gesegneten Lande würde sich aller Wahrscheinlichkeit nach auch das Wasser zu Wein wandeln." —

Allmählich blieb die Felsenpracht hinter ihnen. Wie zögernd nahm der Wald von ihnen Abschied. Aus Knie- und Buschholz traten sie in offenes Heideland, dann nahm sie ein von Regengüssen wild zerrissener Hohlweg auf, das Kreuz des Heilands blickte sie ernst am Wege an. Bald darauf betraten sie die 508 Meter hohe Markircher Höhe, den schönen Höhepunkt der Straße zwischen Rappolts= weiler und Markirch. Hochwald setzte wieder ein, und wo er streckenweise eine Lücke aufwies, da flogen die Blicke in das malerische Lebertal und zu den trauernden Ruinen der Frankenburg und des Altenbergs.

An der stillen Straße erhebt sich ein ländliches Wirts= haus. Da hielten die Freunde Einsprach. Bequem streck= ten sie die Beine unter den schlichten Holztisch und lie= ßen sich den offenen Wein und den einfachen Imbiß gar gut munden.

Nach kräftigender Rast erhoben sich die Freunde und strebten Markirch zu, das sie in einer Stunde erreichten. Unter dem Schutze Frankreichs hatte es den Namen Ste. Marie aux Mines angenommen. Ehe es aber von dem Sonnenkönig geraubt wurde, trug die Stadt den schö= nen Namen Mariakirch. Damals mag es hier gemüt= voller ausgeschaut haben denn heute, wo eine starke und tüchtige Industrie jeden poetischen Glanz auslöschte. Heute arbeiten mehr denn 20000 Menschen bei dem Stöhnen und Surren der Maschinen, eingehüllt in Wolken atem= wehrenden Geruchs der Salze und Alkalien. Alles, was ringsum in den Bergnestern sitzt, frondet in Markirch. Einst blühte die Silbergewinnung in 28 Gruben, und das „Glückauf!" ertönte jeden Morgen. Die Bergwerke gingen ein, seitdem große Baumwollspinnereien ihre nüchternen Riesenkasernen auftaten.

Der Übergang aus der romantischen Hochwaldspracht in diese ruhelose Fabrikstadt war für unsere jungen Wanderer so verstimmend, daß sie erst wieder leichter aufatmeten, da Markirch hinter ihnen lag. Unwillkürlich stieß ein jeder einen weithin schallenden Juchzer aus, da endlich statt der himmelstürmenden Feueressen wieder der Tannen bemooste Riesenstämme sich ihnen zu Seiten reckten. Die Sonne stand bereits tief im Westen und ihre Purpurglut schaffte zwischen den Edeltannen ein wundersames Farbenspiel. Als sei der ernste Wald auf einen leuchtenden Hintergrund gemalt. An die zwei Stunden ging es hinan. Es begann die Dämmerung heranzuschleichen. Einsetzender Abendwind kündete ihnen die Nähe einer freien Fläche. Duft von Heu mischte sich mit dem Harzgeruch des Hochwaldes. Dann klang das Schellengeläut einer heimkehrenden Rinderherde an ihr Ohr.

Bald darauf traten sie auf die Um heraus, über welche die Hütten von Altenweier ausgestreut sich zeigten. Ein echtes Alpendorf, dessen Bewohner in der Hauptsache von Viehzucht und Milchwirtschaft sich nähren. Altenweier stellt im übrigen das höchste Dorf des Elsaß dar. Bis zu 900 Meter hoch klettern seine schlichten Behausungen. Nach drei Seiten rahmen es scharf gebuckelte Berge ein. Im Südosten aber fällt der Blick über das von Felskanzeln umstarrte Tal des Strengebaches. Ein letzter, ver=

wehender Goldglanz spielte um die Felswarten. Heimchen zirpten im Grase, Vögel kehrten zwitschernd zu Neste zurück. Aus den Wäldern trat die Nacht leise und hielt im Schatten der Tannen still, des Augenblickes harrend, wo die ersten Sterne droben ihre leuchtenden Funken in das schleppende Gewand flechten sollten. Weite, weite Stille ringsum. Die Natur sprach sich selbst den Abendsegen.

Tief nahmen unsere Thüringer Wanderer die Heiligkeit der Stunde in sich auf. Dann schritten sie dem Gasthause zu. — — —

Zehntes Kapitel

Unsichtbare Morgenglocken schienen unseren jungen Wanderern hoch in den Lüften auf und ab zu schwingen, da beide frischmutig von Altenweier die Richtung zum zwei Stunden entfernten Brézouard (auch Bressoir geheißen) einschlugen. Der funkelnde Tau hing noch in schimmernden Perlen in Gras und Gesträuch, die Erde dampfte, Vögel lärmten im Dickicht, frei wehte der Odem Gottes über seine Schöpfung. Ein heimliches Jauchzen füllte auch die Seelen der einsam Schreitenden.

„Wenn wir auch den Weg zweimal machen müssen," sagte Ehrhardt, „zu bereuen brauchen wir es nicht."

„Wir ersparen uns jetzt dafür das ewige Herumdrehen," lachte Franz, „Altenweier kann uns jetzt den Buckel hinaufsteigen, wenn wir gedreht haben, der Herr Brézouard hinunter!"

„Zum Lyriker bist du nicht geboren!"

„Mein persönlicher Vorzug!" — —

Zu den am meisten gefeierten Aussichtspunkten zählt der Brézouard. Er zeigt einen gespaltenen Gipfel, der sich 1242 Meter hoch erhebt. Unermeßliche Fernen glaubt das Auge zu durchfliegen. Über die Südvogesen mit dem Belchen eilt der Blick bis zu den Schneehäuptern des Berner Oberlandes. Er kehrt zurück zu dem kahlen Rande des Reisberges, in dessen starren Falten sich jene merkwürdigen Seen verstecken, welche unsere Freunde später noch aufsuchen werden. Und weiter, immer weiter reihen sich die Gipfel und Felswarten aneinander, von tief eingerissenen Tälern zerteilt und unterbrochen, von ernsten Wäldern wieder verbunden. Lange standen unsere Freunde auf der Höhe, und wie Morgenandacht drang es in ihren dankbaren Herzen herauf. — —

Als sie wieder Altweier erreicht hatten, sahen sie ein leeres Gefährt von ihrem Gasthause abfahren. Es nahm die Richtung nach der herrlichen Kunststraße, die seit 1891 hinab in das Tal der Weiß in kühnen Windungen leitet und während der ganzen Fahrt Bilder von einer Schönheit entrollt, deren Reiz fort und fort wechselt. Zwischen Wäldern und Felsen, an stürzenden Wassern und heimlichen Almen vorüber senkt sich die Straße durch den weiten Bergkessel, immer wieder neue Überraschungen bietend.

Franz blieb ein paar Augenblicke stehen und überlegte.

„Zu kostspieligen Wagenfahrten sind unsere Beutel allerdings nicht gefüllt. Aber vielleicht ... der edle Rosselenker hat sicherlich Gäste aus dem Tale heraufgebracht ... geht leer heim ... hm! Komm, wir wollen ihm den Weg abschneiden. Das andere findet sich."

Beide nahmen die Richtung nach der Urbacher Höhe, jenseits der katholischen Kirche, und als sie die Straße erreicht hatten, schritten sie munter fürbaß. Hinter ihnen rollte der Wagen immer näher. Aber der Kutscher hatte es augenscheinlich auch nicht eilig. Er stieß aus seiner kurzen Pfeife Dampfwölkchen vergnüglich in die Luft und pfiff dazwischen einen Ländler.

„Können wir auch," bemerkte Franz. „Mal los! Der Kerl soll denken, wir wollen heute noch bis zum Südpol marschieren." Hell erklang es über die Straße:

> „Freut euch des Lebens,
> Weil noch das Lämpchen glüht,
> Pflücket die Rose,
> Eh' sie verblüht!" — — —

Nach der zweiten Strophe war der Wagen herangekommen. Der Lenker zwinkerte erst ein paarmal auf die Wandersleute, die anscheinend kaum ihn zu bemerken schienen. Dann zog er die Tonpfeife aus dem Munde und bot den Gruß, der halb freundlich, halb gleichgültig zurückgegeben wurde.

„Wollen wohl auch auf Türkheim?"

„Jawohl!"

„Na, da haben Sie noch 'n tüchtigen Weg!"

„Bei dem Wetter doppelt schön!"

„Kein Wagen gefällig?"

„Aber edler Mann: Sehen wir so müde aus? Das geht ja wie in den Himmel hinein!"

Der Mann auf dem Bock überlegte kurz, tat einen tiefen Zug aus der geliebten Pfeife. Dann räusperte er sich, spuckte in weitem Bogen über die Straße und sprach:

„'s ist mir zu langweilig, so allein hinzufahren. Steigen Sie nur ein!"

„Wenn wir Ihnen durchaus einen Gefallen damit tun? Unmenschen sind wir ja nicht. Hopp, Dicker! Dem Dichter den Vorantritt!"

Nun saßen sie bequem in dem Polster und streckten die Beine.

„Aber singen müssen Sie noch etwas! Dann gehen die Pferde besser!"

„Mit Vergnügen, teurer Rosselenker! Daran soll's nicht fehlen." Sie stimmten ein Wanderlied an, die Pferde zogen an, und hinab ging es in das sich aufrollende, prächtige Tal.

Interessant auf dieser Fahrt bleibt es zu beobachten, wie sacht hinter uns die welsche Sprachgrenze, das Gebiet des greulichen Patois, zurückbleibt. Noch in Altweier umklingt es uns, ärgert uns in Diedolshausen und dem von Spinnereigeruch durchströmten Schnierlach, bis uns endlich in Kaysersberg wieder deutsches Wesen umflutet.

Die „Wackes" oder auch „ouvriers" genannt, verschwinden mit ihren Blaukitteln, den Tonpfeifen und brutal klappernden Holzschuhen aus dem Bilde. Nüchtern und von Irrlehren durchtränkt, haben sie für deutsches Gemütsleben, für Sage und Geschichte nur ein höhnendes Lächeln. Dergleichen alberne Dinge kann man nicht in einem Kessel kochen, wie sie sich höchst poetisch ausdrücken: „Ça ne fait pas bouillir nos chaudrons!" — — —

Wenn irgendein Elsäßer Städtlein einladet, von vergangener alter deutscher Kaiserherrlichkeit zu träumen, so ist dies bei Kaysersberg der Fall. Wohl hat es auch eine Zeitlang seinen guten Namen einbüßen müssen, da die französische Revolution ihm ihre geeignetere Bezeichnung Mont libre verlieh. Doch lange hat die Stadt diesen Zwang nicht erdulden können und ist zu ihrem trauten Namen zurückgekehrt. Dieser verkündet aber stolz, daß Kaysersberg eine echte und grundfeste deutsche Kaiserstadt gewesen ist. Noch heute, wenn man über Markt und Gassen wandelt, reden die Steine zu uns von altdeutscher Vergangenheit. Winklig-poetisch mutet alles an. Aus den uralten Bürgerhäusern, all den Erkern, Portalen, geschnitzten Fachwerken, deutschen Kernsprüchen, den Brunnen, Brücken, den köstlichen Verschiebungen innerhalb der Straßenfluchten tritt uns das deutsche Mittelalter anheimelnd und traulich entgegen. Ganz reizvoll und sinnig sind so manche bürgerliche Behausungen ausgeschmückt. Auch noch Überreste der ehemaligen Stadtbefestigungen

bringen einen romantischen Einschlag in das liebe Stadtbild, über dem hoch die Trümmer der einst kaiserlichen
Burg trauernd ragen.

Aus einem deutschen Königshofe ging der Ort hervor.
Der geniale Hohenstaufe, Friedrich II., ließ den Ort dann
kräftig mit Mauern und Türmen umwehren und erbaute
darüber 1226 ein stattliches Schloß, zugleich Kaysersberg
zu einer kaiserlichen Stadt erhebend. Ein Reichsvogt
wurde oben eingesetzt, eine Stellung, die stets von einem
Vertreter der angesehendsten Adelsgeschlechter verwaltet
wurde. Daß fortan Kaysersberg in Treuen zu dem Kaiser-
hause hielt, hat der Stadt im Laufe der Jahrhunderte bitte-
res Leid oft eingetragen. Manchen Hader brachte auch die
Einführung der Reformation. Während der Wirren des
Dreißigjährigen Krieges ging das Kaiserschloß in Flammen
auf. Noch schlimmer hauste freilich die französische Revolution.

Berühmt nach außen hin ward die Stadt, daß der
große Reformator Geiler — geboren zu Schaffhausen
1445, gestorben daselbst 1510 — in Liebe zu der Stadt
sich ihren Namen beilegte. Er hatte hier seine Erziehung
genossen und tief hatte sich das Bild der getreuen Kaiserstadt ihm eingeprägt. In der Literatur jener Tage lebt
Geiler von Kaysersberg noch heute fort. Das Rathaus
der Stadt stellt einen malerischen Bau aus der Früh-
renaissance dar.

Interessant ist auch die aus dem 12. Jahrhundert stammende Pfarrkirche. Vor der Oberförsterei erhebt sich ein altes Pestkreuz. Damit hat es seine besondere Bewandtnis. Das war im Jahre 1511. Der schwarze Tod hielt seinen schaurigen Rundgang durch Europa und würgte auch im Elsaß mit grimmer Hand. Da kamen eines Tages mit wehenden Kirchenfahnen, Heiligenbildern und geweihten Kerzen die Bürger von Sigolsheim gen Kaysersberg gezogen. In den Mauern ihrer heimgesuchten Stadt tobte die Pest. Nun wollten sie zu dem Gnadenbilde des Klosters Pairis wallfahren und gedachten unterwegs in Kaysersberg Durchzug zu nehmen. Doch die Kaysersberger hockten droben auf ihren Zingeln und hatten als Antwort nur Spott und üble Rede für jede Bitte. Da zogen die Sigolsheimer im Bogen ohne Weg und Steg um die so ungastliche Stadt.

Bald darauf aber brach auch in Kaysersberg die Pest in erschreckender Weise aus. Da erkannten die Bürger darinnen Gottes Stimme, und sie gelobten den heimkehrenden Sigolsheimern feierlichen Einzug. So geschah es denn auch. Gemeinsam hielt man in der Pfarrkirche bewegliche Andacht, und bald darauf erlosch denn auch die schwere Krankheit. Zum Angedenken an jene Prüfungszeit ist dann das Pestkreuz errichtet worden. Noch heute wallfahren am Tage der „Kreuzerfindung" alljährlich die Sigolsheimer nach Kaysersberg, wo sie mit Musik empfangen werden. Nach einem gemeinsamen Umzug findet dann in dem Gotteshause Andacht statt. — — —

Zu den „Drey Stätt in einem Thal" zählen außer Kaysersberg noch Kienzheim und Ammerschweier, jedes ein kleines Kabinettstück altdeutscher Stadtpoesie. Allüberall in diesen echten Weinnestern winken fröhliche Aushänge= schilde, eiserne Arme, die den dürstenden Wanderer locken, einzutreten, sich am frischgescheuerten Tische niederzulassen, um dem goldenen Rebenblute des Elsaß die Ehre zu er= weisen. Mitten auf dem Marktplatze von Türkheim hatte der Rosselenker das Gefährt stillestehen lassen. Die Freun= de stiegen aus und schüttelten dem biederen Manne die schwielige Hand. Dieser wußte auch Dank zu sagen. Er griente die Freunde gar freundlich an und sagte lustig:

„So eine fidele Fahrt hab' ich lange nicht mehr ge= macht. Na, Ihre Kehlen werden nun aber trocken sein. Gute Reise!" Er nickte noch einmal, knipste mit der Peitsche, die Pferde zogen an und bald war der Wagen um die nächste Ecke verschwunden. Unsere Wanderer aber bedurften keiner weiteren Aussprache. Sie schritten zum gegenüberliegenden Gasthofe, und bald darauf lachte aus rasch gefüllten Gläsern ihnen alle Poesie des glücklichen Landes entgegen. — — —

Der Nachmittag, so war ausgemacht, sollte den „Drei Ähren" gelten. Die Sonnenglut hatte bei den getreuen Wanderkameraden die Sehnsucht nach Waldesschatten und Höhenluft doppelt angefacht. Ein schlichtes Mittagsmahl und ein guter Tropfen hatte sie erquickt. Wohl schielte

Franz mit fragend=sehnsuchtsvollem Blicke in das soeben geleerte Glas. Doch Ehrhardt wehrte lachend ab.

„Seien wir Männer in der Enthaltsamkeit!"

„O, diese Lyriker! Grausam bis an den Halskragen! Und zwitschern dazu wie liedertrunkene Lerchen! Ideal und Wirklichkeit! Scherbenglück für jeden rechtschaffenen Wirt! Aber ich will mich nicht lumpen lassen. Komm!"

Sie schüttelten sich fröhlich die Hände und schritten über den im Sonnenglaste still träumenden Marktplatz. Dann wandten sie sich zu der unter hohen Bäumen hinan=steigenden Straße, welche zu dem gefeierten Luftkurorte „Drei Ähren" in Windungen leitet. Ehemals „Trois épis" geheißen, baut er sich 690 Meter hoch auf einer herrlichen Bergmatte auf, die einen ganz wundersamen Ausblick ge=währt. Während zur Linken Schwarzwald und Kaiser=stuhl herübergrüßen, wandert im Süden das Auge über die Rheinebene, die Südvogesen, um dann am Horizonte die Schneehäupter des Berner Oberlandes in flimmernder Schönheit ragen zu sehen. Von den Abhängen der Berge heran treten eine Fülle von Burgen in Sicht, wie solche den Ostrand des Wasgau in seiner Länge zwischen Pfalz und Schweiz säumen.

„Drei Ähren", ein Lieblingspunkt der Kolmarer, die sich gern aus dem heißen Dunst der Tiefe hier herauf flüchten, ist in doppelter Beziehung heute ein Wallfahrts=ort. Die Gnadenwunder der heiligen Kapelle locken jähr=lich dichte Scharen frommer Seelen empor, die mächtigen

Bauten der Gasthäuser hingegen alle jene, welche bei trefflicher Leibesnahrung für einige Wochen gern Waldesruhe für Stadtlärm eintauschen.

Ehe der Abend versank, machten die Freunde von dem Kurorte aus noch einen Gang zu dem eine halbe Stunde entfernten Felsen der Golz, und während die Sonne sich anschickte, in ihr Bett von Rosen und Gold niederzugehen, genossen sie im Anwehen weichen Abendwindes den unbeschreiblich schönen Rundblick, der sich ihnen von hier droben bot. Dann kehrten sie ins Gasthaus zurück. Einige Musensöhne aus Straßburg waren inzwischen ebenfalls oben eingetroffen. Es währte nicht lange, daß man die jungen Thüringer bat, sich mit zu ihnen zu gesellen. Gern folgte man der Aufforderung. Alldeutsche waren alle, und da einer von ihnen früher ein paar Semester in Jena geweilt hatte, so war rasch die Brücke von Herz zu Herz geschlagen. Länger denn sonst blieben heute unsere Freunde auf. Unter Scherzen und Singen flohen die Stunden nur allzu rasch dahin. Waren sie doch alle wie auf eine einsame Insel verschlagen. Und über diesem trauten Eiland wehte deutscher Geist. —

Herzlich trennte man sich beim Schlafengehen.

„Mensch," sagte Franz, da er das elektrische Licht ausknipste, „das war mal wieder wie ein Ritt ins romantische Land! Aber davon habt ihr armen Harfenschläger ja kein Ahnen! Na, nichts für ungut! Jetzt heißt's: doppelt rasch schlafen, das Versäumte nachzuholen."

„Bis um sechs Uhr!"

„Barbar!" — — — — — —

Die Musensöhne schnarchten am nächsten Morgen noch in tiefen Tönen, da die Freunde Abschied von den „Drei Ähren" nahmen, um die Richtung nach Kaysersberg wieder zu nehmen. Von da sollte es das Tal der Weiß empor= gehen, um Diedolshausen zu erreichen. Es war ober= halb des Städtchens, da sie im Schatten einer malerischen Ruine, die sich aus düsterem Tannengrün abhob, zur Rast sich niedersetzten. Romanische Mauern eines Mittel= und Seitenschiffes, Portale, Säulen= und Skulpturreste lockten zur näheren Betrachtung. Es war das Kloster Alsbach, das die Grafen von Egisheim im Jahre 1050 frommen Sinnes gegründet hatten, ahnungslos, daß un= sere Tage sich nicht scheuen würden, unweit davon einen öden Fabrikbau daneben zu setzen. Es war ein Benedik= tinerkloster, das dann 1282 den Clarissinnen überwiesen wurde. Weder der Anprall der rohen Armagnaken, noch die Unruhen des Bauernkrieges konnten die Stätte ver= nichten. Das war erst der aufklärenden französischen Re= volution vorbehalten. Seitdem liegt die geweihte Stätte in Trümmern, doch noch in den herrlichen Resten von Ho= heit und Andacht predigend.

Sagen und Mären umspinnen den stillen Ort. Gegen= über dem Kloster befand sich in früheren Jahrhunderten eine Einsiedelei zur Anrufung des heiligen Johannes. Da ist es denn nicht ausgeblieben, daß zarte, empfindsame

Gemüter eine gar herzbewegliche Geschichte sich ersannen.

Lange hatten die Freunde zwischen den Klostertrümmern geweilt. Landschaft und Poesie klangen so harmonisch zusammen. Nun wandten sie sich zum Weitergehen. Franz brach das Schweigen.

„Ich will nicht spotten, aber ich meine, solche Liebe gibt's nicht mehr."

„Das bestreite ich," entgegnete Ehrhardt. „Unmodern mag sie uns erscheinen. Aber in anderer Form wird sie immer wieder auftauchen. Heute würden wir Vergessen in der Arbeit suchen, nicht im tatenlosen Hindämmern."

„Bravo! Guck einer an! Solch ein Lyriker! Du entwickeltst ja täglich neue Seiten. Aber ich stimme dir zu. Ich persönlich bin ein Gegner von Seufzer-Alleen!" — —

Rüstig stiegen sie zur Seite der ihnen ungestüm entgegenschäumenden Weiß hinan. Jenseits Schnierlach bogen sie in das engere Tal der stark brausenden Bechine ein, bis Diedolshausen vor ihnen auftauchte. Bis zum Großen Kriege hieß es Le Bonhomme, so bezeichnet nach dem jenseits sich kahl und mächtig auftürmenden (951 m) Col de Bonhomme, einem steilen Bergpasse, über den von Norden nach Süden die Landesgrenze läuft, und aus dem östlichen Weißtale die Kunststraße hinankeucht, um jenseits gegabelt nach Frankreich hinabzusinken, hier nach St. Dié, dort nach Epinal.

Der Anblick der näheren Umgebung von Diedolshausen

besitzt etwas Heroisches. Die Kahlheit der grauen, nackten Felswände des engen Talbeckens, dessen Hänge wie übersäet mit hingewürfelten Felsblöcken sind, zwischen denen windzersetzte Weißtannen, malerische Einzelhütten auftauchen, dies alles muß dem Naturfreunde noch ein ergreifenderes Gemälde bieten, wenn über die erhabene Gebirgsmauer, die Frankreich von Deutschland trennt, gewitterschwüle, dunkle Wolkenballen tiefhangend schweben. Das Dorf Diedolshausen zeigt echt französischen Charakter. Helle Steinhäuser geben die Glut der Sommersonne gedoppelt wieder. Schattenlos liegt die Straße. Kinderscharen beleben sie. In jenem närrischen Kauderwelsch machen die Kleinen ihrer Neugier Luft. In liederlich-luftigen, hellen Jacken hocken Frauen und Mädchen vor den Türen oder hängen zum Fenster hinaus und ihr Schnattern tönt uns noch eine Weile nach. Auch die Männer tragen noch welschen Schnitt. Weibisch wirkende, rundlich zugestutzte Hosen verbinden sich mit einem hellen Kittel, dazu die klappernden Holzschuhe und die kurze Tonpfeife zwischen den Lippen. Ab und zu rattern hohe, zweirädrige Karren, von Maultieren gezogen, die Straße hin. Alles zusammen: das Bild eines richtigen Grenzortes, der nicht echte, rechte Freude aufkommen lassen will. — — —

Unsere jungen Freunde hielten sich nicht allzu lange auf. Frankreich seitlich liegenlassend, wandten sie sich durch stille Wälder und dann wieder über saftige Bergmatten, auf denen weltverlorene Melkereien ruhten. Da der Abend sich senkte, war es mehr ein beschauliches Dahinschlendern, denn ein tüchtiges Ausgreifen im flotten Wanderschritt. Zuviel des Neuen drängte sich auch ihnen auf. Dazu gab die einsame Landschaft Reichtümer ihren Seelen. Auch lag es wie ein großes Erwarten auf ihnen. Zu höchster Steigerung gestaltete sich der Gewinn ihres Wanderns, da nun mit einem Male der Weiße See seinen hellen Spiegel gegen sie hob. Ernste Bergwände rahmen ihn eng ein, die jach, kahl gegen 250 Meter zu ihm niederstürzen, dessen Lage selbst sich über dem Meeresspiegel 1054 Meter erhebt. Ein ungewöhnlicher Stimmungshauch ruht über diesem feuchten Auge inmitten einer trutzigen Felswildnis. Nur zu bedauern bleibt es, daß Gewinnsucht an das Ufer ein „Hôtel" hinpflanzte, das bei aller Annehmlichkeit doch wie ein störender Flecken in diesem einzigen Bilde wirkt.

Unsere Freunde hatten ihr leichtes Gepäck im Gasthaus abgegeben und schritten nun noch langsam am Ufer hin, dem leisen Annaschen der Wellen lauschend. Wo war ihnen zu dieser Stunde die Welt? Weitab schien sie zurückgesunken zu sein. Sie erblickten nur den felszerrissenen Felsenkessel mit dem leise wallenden See, über der steinernen Arena wölbte sich der sacht verblassende Himmel. Vereinzelte Arven und Bergkiefern hatten ihre Wurzeln in das graue Gemäuer eingeklemmt, so die Eintönigkeit der Farbe unterbrechend. Unruhig flatter=

Am Weißen See.

ten ein paar Nachtvögel über dem Wasserspiegel im Zick=
zackfluge. Als drüben im Gasthause erste Lichter auf=
flammten, und aus dem dunkelblauen Himmelsgewölbe
der Abendstern freundlich grüßte, wandten sich die Freunde
dem Hause zu.

„Vielleicht sitzt jetzt Meister Junker vor seiner Tür,"
sagte Ehrhardt, „und seine Gedanken fliegen uns nach."

„Wenn morgen die Höhenwanderung hinter uns liegt,
dann werden wir dem wackeren Hammerschwinger von
der „Schlucht" aus eine Karte pfeffern. Dann kommt
eine französische Marke darauf, das macht noch mehr Ein=
druck."

„Realpolitiker!" lachte Ehrhardt.

„Wir ergänzen uns eben. Ich meine, die Mischung
darf sich noch immer sehen lassen! Aber nun hinein!
Allzu menschlich macht sich mein besseres Ich bemerk=
bar!" — — — —

Der helle Morgenschein des jungen Tages blitzte über
dem Weißen See, da am nächsten Morgen die Freunde
das Haus verließen. Das blanke Licht gab den grauen
Felswänden freundlichere Farben denn am verflossenen
Abend, die nun auch den Wasserspiegel davon abgaben.
Nun war der See wirklich zu einem Auge geworden, das
den befreienden Gruß der erwachten Natur widerspiegelte.
Ein Fischer stand am Ufer und schickte sich zum Fange
an. Von ihm erfuhren unsere Wanderer, daß noch heute

die Tiefe des Seebodens mächtige Baumstümpfe decken, an denen bereits so manches Fischergarn zerriß. Doch lange mag es her sein, daß die grauen, zerschlissenen Gewände mit dichtem Hochwald bedeckt war, der sich jach hinab in den Trichter zog, den heute der See füllt.

An der Wand des steilen Reisberges windet sich ein Saumpfad empor. Hat man die Höhe erreicht, so hält man an der Grenze der beiden Länder, die einst im schweren Waffengange uralten Haber ausfochten, der uns das ehemals deutsche Elsaß — hoffentlich für immer! — zurückbrachte. Nicht ohne Bewegung blieben die Freunde an dem ersten steinernen Grenzwartel stehen. Von lichtem Grunde hob sich nach Westen ein F ab, gegenüber überstrahlte die Morgensonne ein D. Wie verhaltenes Siegesfeuer schien es über den Grenzstein in dieser Stunde zu huschen.

Und welch ein Ausblick bot sich den jungen Thüringern! Da breitete sich vor ihnen das von der Natur so reich gesegnete Gallien, weit, weit in die Ferne fließend und von aufwachenden Seen anmutig belebt. Heute kündete nichts mehr in diesem Bilde, wie einst die Erde zu zittern schien unter dem Heranbrausen der Schwadronen, dem schweren Marschtritt der Kolonnen, der Donnersprache der kugelspeienden Geschosse. Friede breitete sich über dem herrlichen Gelände, dessen Fluren damals den Boden hergeben mußten, daß aus dem rauchenden Blute tapferer Helden Deutschlands Einigkeit und Wiedergeburt heraufblühte. Gegenüber aber krochen die letzten Nebelschwaden über die breite Rheinebene, wie Unholde sich vor der immer höher aufrauschenden Sonne flüchtend. Grünblau wogte das Bergrevier des Wasgau vor ihnen, im Süden vom Großen Belchen königlich beherrscht. Und ganz im Süden, flimmernden Wolkenschleiern gleich, grüßten die Schneefelder und Eisspitzen der Alpen den heiteren Sommermorgen. Als die Wanderer sich am ersten Anblick satt geschaut hatten, begannen sie die Höhenwanderung. Von alther ist dieser Gang droben berühmt gewesen und ist gefeiert worden. Vier Stunden fast setzt sich der Pfad fort, zum Teil immer am Rande hinführend, bis man die Schlucht erreicht hat. Ältere Schriftsteller sind fast zu Poeten geworden, als sie diesen Gang schilderten. So besingt ihn einer begeistert, daß man auf diesem Wege „in zwölf Bistums" schaue, und zwar in Deutschland nach Straßburg, Speyer, Mainz und Freiburg im Breisgau, in der Schweiz nach Basel, Besançon und Freiburg, in Frankreich nach Metz, Toul, Verdun, Nancy und St. Dié.

Ein wundervoller Blumenflor, zum Teil mit alpinen Pflanzen durchsetzt, breitet sich droben weit, weit über die Bergmatten aus. Die Freunde bückten sich und pflückten bunten Schmuck für ihre Lodenhüte. Da störte sie ein langgezogener Laut auf, der die Morgenstille höchst seltsam unterbrach. Franz lachte laut auf.

„Na, so guck doch, Dicker! Da entbietet uns der erste

Gallier höflich den Morgengruß! Galant und zuvorkommend bleiben doch diese Kelten."

Ehrhardt stimmte rasch in das Lachen ein. Ein Stück von ihnen hielt ein Grautier und spitzte die langgezogenen Ohren. Noch einmal drang sein gedehnter Schrei über die träumende Höhe hin. Doch als nun die Freunde aufsprangen und den Gruß mit den fuchtelnden Ziegenhainern erwiderten, da ergriff Monsieur Langohr die Flucht nach Westen hin, den langen Schweif unruhig gegen die Schenkel peitschend.

„Also erkannt sind wir, mein Junge," sagte Franz, „halten wir die Grenzlinie inne, damit man uns nicht als Spione festnimmt und fortschleppt."

„Womöglich gar in die Fremdenlegion!"

„Dann wären wir mit dem Kartenschreiben am Ende!" — —

War das eine Lust, hoch über der Welt hinein in den frischen Tag zu wandern! Eine Poesie umfing die Wanderer, wie sie solche in diesem Stimmungszauber noch nicht bisher genossen hatten. Hüben und drüben das Land zweier großer Reiche, und ringsum, so weit das Auge fliegen kann, da wellt sich ein schimmernder Boden von weißem Heidekraut überstrahlt, von Alpenblumen aller Art in tiefsatten Farben durchsetzt. Schmale, stille Hirtenpfade durchziehen dieses Meer von Erikagebüsch, immer den Falten, Hängen, Kuppen sich anschmiegend. Sie führen zu den Sennereien, jenen „Melkerschoppen", einstöckigen, langgedehnten Bauten, in der Hauptsache zur Aufnahme der stattlichen Rinderherden bestimmt. Der kleinere Teil dieses Gebäudes bleibt dann für Wohngelaß, Küche und die Vorratsräume der aufgespeicherten Käse übrig. Kein Baum, kein Strauch zeigt sich auf Stunden. Ab und zu wandelt sich der Heideboden in feuchtes Bruch- und Moorland, über denen das Flockengras seine Fahnen wehen läßt und andere Blumenkinder einen schillernden Teppich weben. Das sind die höchstgelegenen Quellgebiete all der Bäche, aus denen sich die Flüsse formen, welche zur Mosel und zum Rheine niedergehen.

Fast wie Kirchenstimmung wollte es die Freunde anmuten, da sie einsam durch den weiten Gottesfrieden zogen. Da winkte seitlich eine Sennerei. Die Sonne flimmerte in den Steinen, mit denen das niedrige Dach gegen Sturm und Wetter beschwert war. Eine leichte Rauchwolke kräuselte sich über den grauen Schindeln in die klare Morgenluft. Wenn ein leiser Wind einsetzte, vernahm man feines Geläut der weidenden Rinderherden. Und dann wieder Ruhe, beseligender Frieden weit und breit. Ein Schweigen auf Meilen hin, das beredter denn Worte an die jungen Seelen rührte. Wenn eine Heidelerche sich plötzlich hob, um nun aus blauer Höhe ihre süßen Lieder herabzustreuen, blieben die Freunde unwillkürlich stehen und lauschten auf. Schmetterlinge taumelten ihnen voran. Einmal störte ein hagerer, schwarzer Schatten sie aus ihrem

Sinnen auf. Ein Abbé schritt mit murmelndem frommen Gruße vorüber. Aus dieser völlig anderen Welt blickten sie dann wieder seitlich hinab, wo lachende Städtlein, Burgen und von Rebhügeln umkränzte Dörfer vom Rhein her so lustig in der Sonne sich dehnten und funkelten. Manchmal lag ein Felsblock am Wege, grau, verwettert, als wolle er von altheidnischen Tagen reden. Eidechsen sonnten sich darauf, und die Sonne sandte ihre goldenen Pfeile nieder.

Es war ein selig Wandern, als schritten ihre Füße über Wolken dahin und der Himmel habe sich aufgetan, ihnen nur Bilder des Friedens und schweigenden Glückes zu zeigen. Tief unter ihnen der Kampf und das Getöse der Welt, das Stöhnen der Maschinen, des Dampfes der Schlote, das unfrohe Hantieren Vieltausender eingepferchter weißer Sklaven. Staunend betraten die Freunde die ob ihres Doppelbildes berühmt gewordene Seekanzel (château de lac noir), wo der Wanderer in einer Höhe von 1272 Meter mit einem Schlage hier tief drunten den Weißen See, jenseits den Schwarzen See aufblitzen sieht. Und immer neue Felsenriffe legten sich den Freunden in den Weg, und jeder von ihnen offenbarte merkwürdigerweise auch jedesmal den Niederblick auf einen anderen Bergsee. Vom Taubeklangfelsen (Rocher du Gazon de Fainz) schillerte ein stimmungsvoller Forellenweiher herauf. Beim Grenzstein 2784 formte sich wieder eine Felskanzel, von der man den See von Gerarmer leuchten

Höhenwanderung zur Schlucht.

sah. 1301 Meter hoch erblickten die Wanderer vom Gazon de Faite den Darensee, auch Grüner See geheißen. Am Wurzelfelsen (Le haut Fourneau) erinnerte sie der gedruckte Führer, daß man hier 1798 den letzten wilden Steinbock des Elsaß erlegte.

Weiter, immer weiter ging es wie in den Himmel hinein. Stille Fermen, deren Schindeldächer im Sonnenglaste wie flüssiges Silber schimmerten, grüßten da und dort, sonnenbestrahlte Höhen erzählten von neuen Wanderzielen, immer neue Täler öffneten sich zur Rechten und zur Linken und boten den beiden Freunden eine treffliche Übersicht über den Bau dieses Teiles des Gebirgszuges. Endlich hatten sie den 1255 Meter hohen Kruppenfelsen erreicht, von dessen Kuppe sich ihnen zum ersten Male das herrliche Münstertal aufrollte. Gegenüber stiegen die unwirtlichen Schroffen des Hoheneck empor. Ein jach sich hinabwindender Geröllpfad leitet vom Kruppenfelsen hinab in die Schluchtstraße, wo sich hart neben deutscher Grenze das französische Wirtshaus, die „Schlucht" genannt, erhebt. Kein Wasgauwanderer, der hier nicht für eine Weile rastete. Sei es auch nur, seinen Lieben daheim einen Gruß aus Frankreich zu übermitteln. Und welch unvermittelter Übergang bietet sich dem Wandersmanne! Vor einer halben Stunde noch schritt er durch blühende Heide und tausend bunte, seltene Blumen öffneten ihm ihre Kelche. Felsen türmten sich am Wege, die blaue Welt lachte heran, und herüber und hoch in den Lüften sang die Heidelerche. Jetzt vermeint er mit einem Schlage in ein glänzendes Café auf den Broglieplatz zu Straßburg verschlagen zu sein. Serviettenwedelnde Kellner schwirren durch die Säle, kleine Marmortischchen laden zum Sitzen ein. Kaffeedunst füllt die Luft, das Gläschen Absynth fehlt nur auf wenigen Tischen und unser Deutsch hat Mühe, sich gegen das Geschnatter französischer Zungen Geltung zu verschaffen.

Doch gerade in diesem unvermuteten Umschwunge fanden unsere Thüringer erhöhten Anreiz. Streckten sie doch zum ersten Male ihre Füße auf französischem Boden unter einen Tisch! Sie ließen sich nach schattenloser Wanderung den Trunk behaglich munden. Als dann der Dampf ihrer Zigarren sich mit dem der französischen Zigaretten mischte, ging's tapfer an die Arbeit. An das Elternhaus, den Meister Junker, den Herrn Magister in Rappoltsweiler wanderten Kartengrüße, dann vereinzelt noch an einige Schönen aus der Tanzstunde in der Thüringer Residenz.

„Hoffentlich bekommt unser direx diese Herzenergüsse nicht zu Gesicht!" lachte Franz. „Ovids ‚Ars amatoria' ins Praktische übersetzt, liebt er nicht. Theoretisch aber kreidet er jeden Fehler an."

„Trotzdem, lieber Freund: Auf welschem Boden wollen wir unserer deutschen Schule einen Ehrenschluck bringen! Meinst nicht? Die Magister sollen leben, wenn sie uns selbst auch manchmal das Leben schwer machen!"

„Prosit, alter Gemütsathlet!" — — —

An dem Kaffeehause der Schlucht vorüber führt die Elsaß und Frankreich verbindende Kunststraße, welche Napoleon III., der überhaupt viel für die Verkehrsmöglichkeiten im Elsaß tat, in den Jahren 1852—1869 an Stelle eines geröllbedeckten Bergpfades hat durch das Münstertal anlegen lassen. Der Kaiser hatte selbst an dem köstlichen Ausblick von der Schlucht aus so großen Gefallen gefunden, daß er wiederholt während seines Aufenthaltes im Bade Plombières sich nach dieser Paßhöhe ließ hinauffahren. Zieht auch heute die neue Grenzlinie sich zwischen den beiden Landen hin: an guten Sommertagen finden sich immer noch die Bewohner des Münstertales droben zusammen, mit den welschen Nachbarn der Welt Händel zu bereden und ferner Tage zu gedenken, da der französische Aar noch über dem Münstertale schützend schwebte. Die Kunststraße mit ihren Windungen, Tunnels, Niederblicken, bietet viel des Interessanten und Schönen. Unsere jungen Wanderer aber zogen es trotzdem vor, Natur wieder aufzusuchen, um zwischen wild und jäh zerrissenen Felsenschroffen, prächtigster Waldwirrnis und dem Geplätscher der jagenden Wildwasser durch das Kleintal gen Münster zu streben.

Seit Jahrhunderten hat sich Münster, das Münstertal und seine Umgebung des hohen Rufes erfreut, die vorzüglichsten Käse des Elsaß herzustellen. Für den Fein=

schmecker wird der Münsterkäse, droben in eine der Melkereien bei Milch und Weißbrot genossen, zum ländlichen „Gedicht".

Die meisten dieser Melkereien liegen auf der Ostseite des Gebirges, also heute auf deutschem Gebiete, jedoch sind auch die auf französischem Boden zumeist von Bewohnern des Münstertales gepachtet worden. — Wo das Kleintal und das eigentlich große Münstertal aufeinanderstoßen, baut sich am Ufer der Fecht die einst so getreue deutsche Reichsstadt Münster auf. Wer aber vermeint, hier noch in Architektur und sonstigen Erscheinungen deutscher Vergangenheit nachzugehen, der kommt schlecht auf seine Rechnung. Gewaltsam ist alles ausgetilgt. Nicht gerufen kamen Ende des 18. Jahrhunderts von Frankreich herüber die „Volksbeglücker" und begannen in Stadt und Tal mächtige Spinnereien anzulegen. Und da die säßige Bevölkerung treu ihrem bisherigen Berufe blieb, zog man Tausende von welschen „ouvriers" heran, die sich nun daran machten, den Charakter der Bevölkerung auf andere Bahnen zu lenken. Als dann gar ein Mitglied dieser ausländischen Fabrikbesitzer zum Bürgermeister ernannt wurde, ging sofort sein Streben dahin, alles aus der Stadt zu tilgen, was noch an Deutschtum erinnerte. So wurden die mittelalterlichen Bauten eingerissen. Dahin ging, was einst die Kunst, der behagliche Sinn, die heitere Lebensfreude der Altvordern geschaffen hatte. Seitdem ist Münster eine Stadt mit neuem Gesicht geworden, daß uns nichts mehr zu erzählen weiß. Nur in seiner reichen Geschichte ruht noch sein Reiz.

Aus einem Kloster ging der Ort hervor. Vom Papste Gregor ausgesandte Benediktiner fanden dieses Tal so wundersam, daß sie es Gregoriental nannten, gleich der frommen Siedelung, die darauf erstand. Das war um das Jahr 634 gewesen. So rasch schwang sich das Kloster empor, daß bereits 660 drei Brüder dieser Gründung nacheinander auf den Bischofsstuhl gehoben wurden. Die deutschen Kaiser verliehen der mächtig blühenden Abtei die weitgehendsten Rechte und kargten auch sonst nicht mit Schenkungen. Allmählich aber wurde seitens der Herrscher die Gunst vom Kloster auf das nachbarlich herangewachsene Gemeindewesen übertragen. Die Klostermacht zerbröckelte, Stadt Münster stieg herauf, hatte Mauern und Türme erhalten und wurde im Jahre 1354 von Kaiser Karl IV. zur freien Reichsstadt „erhoben". „Münster im St. Gregoriental" war die amtliche Bezeichnung. Stadt und Abtei haben in den kommenden Jahrhunderten viel gemeinsames Leid tragen müssen. Gewaltige Brände tobten, doch immer wieder ging man ans Aufbauen. Münster ist dann der neuen Glaubenslehre bald beigetreten. Tiefer und tiefer sank das Ansehen der Abtei. 1636 befanden sich im Münstertale nur noch zwei Familien, welche dem katholischen Glauben treu geblieben waren.

Ein düsteres Kapitel in der Geschichte der Stadt bilden die entsetzlichen Hexenprozesse, mit denen sich ganze Bücher voll schreiben ließen. Der Dreißigjährige Krieg hat Münster schlimm mitgespielt. Was noch am Leben geblieben war, gedachte auszuwandern. Da wandte sich die Kriegsfurie hinüber nach Thüringen, Sachsen und Böhmen. So verblieben die verängstigten Bürger. Unter Ludwig XIV. hat die Stadt dann noch einmal schwer die Hand des Geschickes gefühlt. Dann kam die Revolution. Sie fand begeisterte Aufnahme in der Stadt. Der alte deutsche Geist war gestorben. Man fühlte französisch. Damals sind Hunderte von Burgen und Schlössern im Freiheitstaumel den Flammen übergeben worden, der herrliche Wildbestand wurde vernichtet. Das starke Empfinden des Mittelalters für Eigenart, Geschichte, Kunst und besinnliche Lebensfreude hatte einer ungeheuren Nüchternheit Platz gemacht. So schlug man das Erbe der Väter in Stücken. Die Baumwollindustrie raubte dann noch den letzten Stimmungsgehalt. So bietet denn Münster heute selbst nichts mehr Anregendes, doch seine Umgebung erscheint überreich an malerischen Schönheiten und fesselnden Punkten. — —

Als unser Wanderpaar am nächsten Tage den Morgenimbiß genossen hatten, schüttelten sie nach einer Besichtigung der schönen evangelischen Kirche rasch den Staub von den Füßen in Münster und wandten sich an der rechten Berglehne der Fecht empor. Sie atmeten wie befreit auf, als endlich wieder die Kronen des Hochwaldes über ihnen zusammenschlugen.

„'s bleibt ewig schade," sagte Ehrhardt, „daß dieser schönste deutsche Gau so von der Industrie in diesen prächtigen Tälern verwüstet wurde. Daheim in unseren Thüringer Wäldern fügen sich die Porzellanfabriken und Glashütten ganz anders in den Rahmen der Berglandschaft."

„Stimmt, mein Junge. Du wirst sentimental, und mich packt unsagbare Wut, die man freilich hier zu Lande meistern muß, um nicht mit einem Denkzettel weiter zu marschieren. Aber nun sind wir ja mal wieder für einige Stunden 'raus. Der Deutsche ist ein Verwandlungskünstler und fügt sich jeder Stimmung an. Hier spricht der Wald, und die Luft redet bereits von Bergwonnen, die unser warten. Zerdrück also die Trän' in deinem schönen Auge. Singen wir eins. Das befreit." Hell klang es gleich darauf unter den aufhorchenden Wipfeln hin:

„Es blinken drei freundliche Sterne
Ins Dunkel des Lebens herein,
Die Sterne, sie funkeln so traulich,
Sie heißen Lied, Liebe und Wein.

Es lebt in der Stimme des Liedes
Ein treues, mitfühlendes Herz,
Im Liede verjüngt sich die Freude,
Im Liede verwehet der Schmerz." — — —

Als das Lied verklungen war, sah Franz den Wanderkameraden prall ins Gesicht und lachte vergnüglich dabei.

„Siehst du, erhabener Lyriker, jetzt hat ein jeder von uns gleichsam wieder einen neuen Adam angezogen. We=

nigstens geht's mir so. Die Bäume sehen plötzlich weit grüner aus, der Himmel erinnert an Berliner Ultramarinblau, die Beine haben unsichtbare Flügel bekommen, und in meinem Herzen jubelt eine Lerche ... um Gottes willen: jetzt überkommt mich fast auch etwas wie Poesie ... fürchte nichts, jeder unlautere Wettbetrieb ist mir verhaßt. Aber wenn wir auf dem Kahlenwasen sitzen, werde ich die Sehnsucht meiner Seele in frischem Münsterkäse baden."

Ehrhardt schlug ihn lachend auf die Schulter.

„Unverbesserlich!"

„Nee, Dicker, sag' besser: antike Heldengröße! Die Selbststrenge von Cato, die weise Erkenntnis von Sokrates...."

„Und den ewigen Durst?"

„Von ihm, dem Großen, dem Unsterblichen, dem unübertroffenen Heraklit, der da verkündete: ‚Alles fließt!'"

Unter munteren Gesprächen stiegen sie höher und höher, bis ihnen jenseits des einst von Lothringer Köhlern begründeten Weilers Erschlitt die große Melkerei Kahlenwasen vor sich auf sonnenbeschienener Alp entgegenschimmerte.

Diese Sennerei trägt ihren Namen von dem benachbarten Kleinen Belchen, auch Kahlenwasen geheißen, und baut sich auf einer weit ausgedehnten, 1074 Meter hohen Matte auf. Sie stellt die größte Melkerei des Wasgau dar und hat sich, begünstigt durch ihre Lage, nebenbei auch noch zu einer gern aufgesuchten Sommerfrische für echte Naturfreunde herausgebildet. Wer hier sich ruhesuchend niederläßt, der kann über die bunt überblühten Matten schweifen, in die nachbarlichen Buchenwälder tauchen, seine Blicke trinken Schönheit aus vollen Bechern, und jede Luftwelle predigt Gesundheit und Freiheit.

Als die Freunde dem langgezogenen, niedrigen Bau nähertraten, sahen sie unter einem Dornbusch, dem einzigen Strauchwerk weit in der Runde, ein paar Hirtenjungen liegen. Sie hatten die Hände unter den Kopf geschoben und träumten hinaus in die herrliche, schweigende Welt ihrer Heimat. Von weitem klang ab und zu vereinzeltes Geläut der weidenden Herde.

„Königskinder!" sagte Franz leise zu dem Kameraden. „Die tauschen in dieser Stunde mit keinem Reichen der Welt!"

„Denen klingen Glocken zwischen Himmel und Erde. Sie dichten, ohne es selbst zu wissen. Denn sie sind selbst ein Stück Natur geblieben."

„Wir aber werden uns erst wie Könige zu Tisch setzen, Orgien in Münsterkäse feiern, Milch aus Humpen schlürfen, und dem leckeren Weißbrot tapfer zusprechen. Dann aber es denen dort drüben gleich tun, wenn auch kein zweiter Dornbusch uns winkt. Denn hier oben weht ja eine wahrhaft göttliche Luft!"

Nach der Mahlzeit suchten sich die Freunde ein Stück abseits des Hauses eine behagliche Stelle auf der Alm aus. Da warfen sie sich in die blühende Welt hinein, die

Rucksäcke als Kissen gebrauchend. Der warme Sommerwind sang über sie dahin, Käfer und Schmetterlinge tummelten sich ringsum, ihre Blicke aber wanderten in deutsches Land hinaus, immer dem selig leuchtenden Himmel entlang, bis wo sein fernster Rand auf der Erde schien aufzuliegen.

Länger denn eine Stunde hatten sie so gerastet, da Ehrhardt zum Weitergehen mahnte. Franz rieb sich die Augen.

„Herrgott, ich war wahrhaft eingeschlafen. Eben stürmten wir wieder daheim vom Bahnhof in die Stadt hinein. Diesmal aber läuteten alle drei Glocken hoch vom Turme, der Bürgermeister mit dem Stadtrat zog uns entgegen, Fahnen wehten, aus der Schar der Weißgekleideten war ein zartes Jungfräulein hervorgetreten und hatte uns in Versen gefeiert. Nun bot es mir den güldenen Becher voll Edelwein lächelnd an ... da ... greulich! mußt du mich gerade wecken!"

„Das konnte ich doch nicht wissen?"

„Aber ich sagte dir doch, wir beide wurden empfangen!"

Sie lachten sich an und sprangen auf. Die Rucksäcke wurden übergeworfen. Dann schlugen sie die Richtung zur Kuppe des Kleinen Belchen ein.

In einer halben Stunde war der 1268 Meter hohe Gipfel erreicht. Froh blitzten die Augen der Wanderer über das unbeschreiblich hehre Bild, das sich ihnen in feierlicher Größe bot, von der Sonne umschmeichelt, vom blauen Sommerhimmel im weiten Kuppelbogen überspannt. Nur durch das tief eingerissene Lauchtal von ihnen getrennt, hob der König der Vogesen, der Große Belchen, sein majestätisches Haupt. Sonst aber setzte sich das glänzende Rundgemälde zusammen aus träumenden Hochmatten, dem blauen Wasgenwalde, der schimmernden, seenreichen Ebene Lothringens, Rheintal, Schwarzwald, der Schweizer Jura, abgeschlossen von den Eisspitzen des Berner Oberlandes.

„Auf morgen, auf morgen!" riefen die Freunde dem Belchen gegenüber zu, dann ging's bergein zum Lauchtale. Ein paar Stunden währt dieser Abstieg, so reich an köstlichen Ausblicken. Matten und Buschholz begleiten die erste Strecke den Wanderer, dann tritt der Hochwald in seine Rechte. Und welch kraftvoller Wald empfing die jungen Freunde wieder. Unter den leis raunenden dunklen Kronen baut sich ein Kleinwald von oft kaum durchdringlicher Wildnis auf. Von Tausenden Himbeer- und Brombeerbüschen ist er durchsetzt. Niemand kümmert sich um diesen reich gedeckten Tisch. Wer sollte stundenweit von den betriebsamen Städten im Lande die Früchte ernten? Ungepflückt, ungenossen verkümmern die leckeren Früchte, gleichwie niemand kommt, das dürre Reisig heim in die Hütten zu schleppen. Da stieg den Freunden die Thüringer Heimat herauf, in deren Waldungen wöchentlich an bestimmten Tagen Scharen von Weibsen und Männern eintauchen, das dürre Holz einzusammeln, um es dann mühsam auf dem Rücken oder kleinen Karren heimzuschleppen. Die Kinder schwärmen aus, die Gaben ihres Heimatwaldes einzusammeln: Maikräuter, Pilze, Beeren, heilkräftige Wurzeln, Tannenzapfen und sonsterlei. — —

Als der Hochwald die jungen Wanderer endlich entließ, ging's im steilen Abstieg zur Talsohle nieder. Eng und düster zeigte sich ihnen das Lauchtal, fast drohend von dem Großen Belchen beherrscht. Im Dorfe Lauterbach suchten sie die herrliche Kirche auf, eine berühmte Basilika aus dem 12. Jahrhundert. Es war für heute der letzte Gruß, den Frau Poesie ihnen bot. Denn wie überall in den Südvogesen, hat sich die Industrie auch des Lauchtales bemächtigt, und alles totgeschlagen, was fühlenden Herzen vertraut und liebenswert erscheint. Die Natur beugte sich dem Gotte des Geldes und Gewinnens. Die Menschen, die einst mit ihrem Tagwerk ihr eingereiht waren, sind selbst zu dumpf stöhnenden Maschinen geworden. Selbst der droben so freie, keck ausblickende Wildbach ward zum Sklaven erniedrigt und beschmutzt. Da hilft kein Ausweichen noch hastigeres Fliehen. Man hetzt und peitscht ihn über Räder, die nun wieder eine Hölle von kreischenden, surrenden, stampfenden und pfeifenden Tönen und Geräuschen auslösen. Dazwischen summt verworrene Menschenrede. Hohlwangige, blasse Gesichter werden hinter den Fensterscheiben zuweilen sichtbar ... hier ein Grinsen ... dort ein Auflachen ... und darüber stehen die Berge in aller Pracht, von einer Ewigkeit in die andere weisend. Der Bach krümmt sich. Er möchte fliehen, er sehnt sich zurück nach den Höhen, wo Reinheit und Freiheit wohnten. Vergeblich! Weiter, weiter muß er. Neue Schornsteine steigen herauf, die Abendglut malt sich melancholisch in langen, öden Fensterreihen nüchternster Kasernenbauten, denen garstige, atembeklemmende Dünste entströmen. Irgendwo setzt eine Abendglocke feierlich ein, doch das häßliche, brutale Fabrikgetöse verschlingt die heiligen Töne. — — —

Auch die Kreisstadt Gebweiler, die sich im Lauchtale hinzieht, wo der Bergbach hinaus ins offene Land tritt, ist vollständig heute der Industrie verfallen. Doch eins hebt die so anmutig hingelagerte Stadt von Münster noch wohltätig ab, daß sie sich die schönen Profanbauten früherer Jahrhunderte zu erhalten wußte, die inmitten des nervösen Lebens einen wohligen Ruhepunkt für das Herz und Auge des fahrenden Mannes bilden. Wie bei Münster die Abtei Gregorienthal gleichsam die Urzelle des späteren Gemeinwesens wurde, so hier die malerische Abtei Murbach. So nachbarlich freilich wie bei Münster saß hier die späterhin gefürstete Abtei Murbach den Bürgern nicht dicht vor den Stadtmauern. Denn fast eine Stunde entfernt finden wir heute die trauernden Ruinen der Fürstabtei Murbach.

Die erste Klosteransiedelung bestand bereits ein halbes Jahrhundert, da man talab mit der Gründung von

„Gebumwilare" (Gebweiler) begann. 774 geschieht ihre erste Erwähnung. Lange fällt dann die Geschichte des Ortes mit der des Klosters zusammen. Aus der Abhängigkeit vom Kloster lösten sich Gebweilers Bürger erst nach harten Kämpfen. In der Nacht zum 14. Februar 1445 suchten die weit und breit gefürchteten Armagnaken die Stadt zu überfallen. Bereits hatten sie heimlich Strickleitern längs der Mauern befestigt, als ihr Plan vernichtet werden sollte. Die Überlieferung erzählt von einer tapferen Bürgerin, Brigitte Schick geheißen, welche rechtzeitig die List entdeckte und die Verwüstung der Stadt vereitelte. Jedenfalls kann man noch heute in einem der auffallend niedrigen Seitenschiffe der St. Leodegarskirche zu Gebweiler die Strickleitern sehen, welche das räuberische Gesindel zurückließ.

Im Bauernkriege ging's der Stadt wie Münster. Bis auf einige Familien war alles hingemordet oder entflohen. Auch einige der Klöster innerhalb der Stadt waren in den Flammen aufgegangen. Einen glänzenderen Anstrich empfing Gebweiler, als im Jahre 1764 Papst Clemens VIII. die Fürstabtei oben im Waldtale aufhob und die frommen Herren zwang, fortan in der Stadt ihre Unterkunft zu nehmen. Letztere errichteten nun die weitläufigen Gebäude des „Ritterkollegiums von Murbach" (Insigne collegium equestrale) und erbauten fernerhin im üppigsten Zopfstile die Liebfrauenkirche, zu welcher der Fürstabt 1766 selbst den Grundstein legte. Doch in der

Stadt war inzwischen nüchternste Arbeit eingezogen. Aller kirchlicher Glanz wollte bei den Einwohnern nicht mehr verfangen. So begrüßte man jubelnd die Tage, da die Revolution mit schweren Fittichen über das Tal hereinrauschte. Die beleibten Stiftsherren, deren weltlich-sündiges Treiben längst ein Dorn in den Augen aller war, jagte man höhnend aus der Stadt. Dann aber unternahm man das barbarische Werk und zerstörte in Gemeinschaft mit Talbewohnern den herrlichen Bau der Fürstabtei zu Murbach. Das Rathaus der Stadt, ein sehenswerter Bau des 16. Jahrhunderts, deutet auch auf den Einfluß der Abtei, denn es zeigt auch das Wappen des Klosters: einen schwarzen Rüden mit Stern. Sehenswert in Gebweiler bleiben vor allem die Gotteshäuser. So der edle Bau der St. Leodegarskirche, das nach dem Brande übriggebliebene gotische Gotteshaus des Klosters der Dominikaner. Freilich die sündhafte Neuzeit hat Mißbrauch mit diesen heiligen Hallen getrieben. Der hohe Chor ist abgetrennt worden zu ... einem Konzertsaal, im eigentlichen Kirchenschiffe aber halten Marktweiber schnatternd ihre Waren feil. Und zu diesem seltsamen Treiben lächelt Frau Sonne durch die alten, bunten Fensterscheiben, welche von reich verziertem Maßwerk umschlossen werden. Heilige schauen in verblaßten Malereien von den Wänden auf die Verkaufsstände von Fisch und Fleisch, Gemüse, Früchten und Blumen hernieder, während durch die Kirchenpforte Bürgerfrauen, Dienstboten und allerlei Volk aus und ein schwirrt. Der nüchterne Sinn des Elsässers kommt kaum an einer anderen Stätte überzeugender zur Geltung denn hier. —

Unsere Freunde hatten am nächsten Morgen nicht unterlassen, noch eine Weile über Markt und Gassen zu streifen, der altertümlichen Brunnen, der reich und stimmungsvoll geschnitzten und geschmückten Bürgergelasse früherer Tage sich zu freuen. Hinan ging's wieder westlich dem winkenden Gebirge zu. In einer Stunde war das armselige Dörfchen Klein-Murbach erreicht, über dessen Dächern, nahe dem versumpften Pilgerteiche, sich die noch immer gewaltig gebenden Ruinen der einst so stolzen Fürstabtei Murbach über Baumwipfeln erheben. Wer da von weitem sich dem edlen Bau nähert, ahnt nicht, daß ihn nur trauernde Ruinen begrüßen. Reichtum und Kühnheit der Ausführung einen sich hier. Zierliche Rundbogenfriese ziehen sich an den Mauern hin. Das Querschiff ist noch völlig erhalten mit dem sich anschließenden Chor, in dem man auch noch das schön gearbeitete Grabdenkmal des Stifters, Eberhardt von Egisheim, findet, eine vorzügliche Arbeit aus dem 13. Jahrhundert.

Reicher ist wohl kaum ein Kloster im Elsaß je ausgestattet worden. War es nicht Karl der Große, so doch jedenfalls Ludwig der Deutsche, welcher in königlicher Gebelaune eines Tages die Stadt Luzern dem Kloster Murbach schenkte. Dieser stetig sich mehrende Besitz hat denn auch beizeiten die frommen Kutten übermütig gemacht. Von Wissenschaft wird wenig aus Murbach berichtet, desto mehr von Schlemmereien und Ausdehnung weltlicher Macht. So wurde die Gott geweihte Stätte zur Fürstabtei erhoben, eine Ehre, die sie nur noch mit drei deutschen Klöstern teilte: Weißenburg, Fulda und Kempten. Damit war sie reichsunmittelbar geworden, und ihr Fürstabt besaß Sitz und Stimme im Reichstag. Sein Wappentier war — wie schon angedeutet — ein Hund mit Stern.

Aus jenen Tagen entstammt das heute noch im Schwange sich befindende Sprichwort: „Er hat Hochmut, wie der Hund von Murbach!"

Die Freunde hatten mit hohem Interesse die Ruinen durchwandert. Nun nahmen sie Abschied. Es drängte sie, als echte Söhne ihrer Waldheimat, mächtig hinauf in die Bergwelt, zu den rauschenden Melodien des Hochwaldes. An der Lorettokapelle machten sie noch einmal Halt und genossen abschiednehmend das überaus romantische Gemälde, das sich von hier auf die Abteiruinen und das arme Dörfchen entrollt. Dann aber ging es hurtig empor. Und bald starrten ihnen wieder Felswände entgegen, leichter Wind harfte in den Wipfeln, und zwischen den rissigen Stämmen, dem Stachelgewirr der Büsche huschten, gleich goldenen Kobolden, die Sonnenstrahlen und entzündeten geheimnisvolles Leben, Lichter und Schatten durcheinander spielend. —

Als einmal aus dem Forste Artschläge hörbar wurden,

blieben die Freunde stehen und lauschten auf. Ehrhardt wandte sich glänzenden Auges zu dem Genossen der Wanderfahrt.

„Wie das wohl tut gegen das unheimliche Gerassel und Gestampfe drunten in den Tälern! Gibt's denn eine schönere Werkstatt für den einfachen Mann als den Wald? Als Dach den weiten Himmel ... von allen Seiten frische Bergluft, Sonnenauf= und niedergang! Und wenn über dem Holzfeuer der Kaffee kocht, die Rauchwolken sacht zwischen den Stämmen emporkriechen ... dann nieder= sitzen. Dann schmeckt selbst trockenes Brot besser denn drunten alle Leckerbissen der „ouvriers". Mich schau= bert, wenn ich an die armen Menschen denke!"

„Europäisches Sklavenleben, überputzt mit Freiheits= tiraden und Großstadtlumpen! Das Kleid des Bauern steht ihnen nicht mehr an!"

„Das ist wohl überall heute das gleiche! Die Menge wird um ihr Bestes betrogen. Sie merkt nicht, daß Eitel= keit und Gewinnsucht sie am Zügel hält." — —

Nun öffnete der Hochwald wieder seine grünen Pfor= ten, und die Freunde traten auf eine Matte hinaus, auf der ihnen die Rebelhütte winkte, ein Melkerschoppen, der sich 1180 Meter hoch auf dem Wege zum Belchensee fest= genistet hat.

„Willkommen, willkommen!" Die Wanderer schwangen ihre Lodenhüte durch die Luft. Dann schritten sie be= feuert hinüber, zur Bergfahrt sich erst noch zu stärken. —

Eine Stunde später hatten sie den grünschillernden Belchensee erreicht. In einer Höhe von 986 Meter bietet er sich dem Auge wie ein von steilen, kahlen Felsschroffen eingeschlossener Trichter. Seine Wasser haben sich den unterirdischen Weg zur Lauch gesucht. Einst war er eine Zeitlang das Sammelbecken für den Kanal, auf dem man die Steine talwärts zum Bau von Neu=Breisach führte. Der See hieß damals Lac Vauban, nach dem Hersteller der Schleuse, welche den See um 15 Meter gehoben hatte. Als Neu=Breisach fertig war, gedachte niemand mehr der Stauvorrichtung droben im Gebirge. Da brach in der Nacht des 21. Dezembers 1740 der Damm und ungeheure Wasserfluten stürmten das Tal hinab, Jammer und Verwüstung verbreitend. Geheimnis= voll, wie sein Bild anmutet, sind auch die Mären, welche ihn umschweben. So soll sich auch zuweilen auf der träumenden, stillen Flut eine mächtige Forelle zeigen, aus deren Rücken ein Tannenbaum emporwächst. — — —

Durch niedriges Buschholz und dann über blumige Matten, auf denen die prächtigste Alpenflora Wunder an Farben und Formen offenbarte, stiegen die Freunde höher und höher, dem Könige der Vogesen ihre Huldi= gung darzubringen.

Frei wie ein seliges Inselland, so hebt sich die Kuppe des Großen Belchen 1424 Meter hoch in das unermeß= liche All, gekrönt von dem gemütlichen und trefflich ge= leiteten Belchenhause. Mit Liebe hängt der Elsässer an

diesem stolzen Grenzwächter, von dem er erzählt, wie der Thüringer von seinem Inselsberge, daß hier droben die Sonne nicht untergehe. In stillen Sommernächten wird dem Besucher allerdings ein ähnliches Schauspiel hier oben zuteil. Denn wenn endlich der letzte Tages=
schimmer über Lothringen auslöscht, hebt bereits drüben über dem Schwarzwalde das Aufschimmern des jungen Tages an.

All die Herrlichkeiten, die von hier oben dem Auge sich zeigen, aufzuzählen, würde Seiten füllen. Denn der Belchen bildet die Krönung einer Wasgaufahrt. Der glän=
zendste Anblick aber entrollt sich südwärts, jenseits des schönen Thurtales, in dem sich die Orte Thann, St. Ama=
rin und Wesserling bergen. Hinter dem sich mählich ver=
laufenden Wasgengebirge setzt der Jura ein. Oberbay=
rische und Tiroler Berge zeigen sich, die Vorberge der Schweiz gliedern sich an, und ganz in der Tiefe, mit den schneeglitzernden urewigen Häuptern in den Abendhimmel steigend, bauen sich die Hochalpen auf, vom Säntis mit seinen sieben Kurfürsten, am Rigi, Pilatus und den Nachbarbergen vorüber bis zu der Kette des Berner Oberlandes, immer weiter, bis in einsamer Majestät der Montblanc seine erhaben aufsteigende Eispyramide auf=
recht, seit Jahrmillionen Zwiesprach mit Wolken und Stürmen haltend. —

Lange, lange hatten die Freunde auf der Kuppe neben=
einandergestanden, einer dem anderen immer neue Schön=

heiten weisend. Nun war das Tagesgestirn gesunken. Der Abendwind setzte rasch ein. Aus den Tälern kam die Nacht geschritten, Ausschau nach den Sternen zu halten, daß sie ihrem Rundgange voranleuchten sollten.

Drinnen in dem traulich holzgetäfelten Gastzimmer dampfte bereits das Abendessen auf dem sauber gedeckten Tische. Ein guter Wein funkelte in der offenen Karaffe. Und wie sich vorhin die Hände gefunden hatten, so jetzt die Augen und die Gläser.

„Komm, Lyriker: dem schönen Wasgau unser erstes Glas!"

Hell klangen die Gläser an.

Als dann im Laufe des Abends die Gläser noch einmal sich suchten, da geschah es im treuen Gedenken an die ferne Thüringer Heimat. — — —

Elftes Kapitel

Es war unseren jungen Thüringern nicht ganz leicht, am nächsten Morgen der Kuppe des Belchen und seinem traulichen Gasthause Lebewohl zu sagen. Selbst das Wetter schien energisch dagegen Einspruch zu erheben. Denn als Ehrhardt früh als Erster das kleine Fenster öffnete, die Morgensonne zu begrüßen, schnob ihm eine dichte Nebelwolke um das Gesicht. Eine undurchdringliche graue Ringmauer hatte sich um das königliche Haupt des Belchen gelegt. Franz richtete sich bei dem Rufe des Freundes im Bette auf. Seine Augen wanderten zum Fenster.

„Ich danke," rief er halb ärgerlich, halb lachend aus, „das sieht ja nett aus! Der alte Herr scheint noch mehr wie wir getrunken zu haben! Da wär's ja wahrhaftig am besten, wir knüpften an das fröhliche Ende den neuen fröh=

lichen Anfang! Der Keller wird ja noch nicht ganz geleert sein!"

„Und dein alter Onkel in Pfirt?" entgegnete vorwurfsvoll Ehrhardt.

„Alle Wetter, da hast du auch einmal recht." Er sprang aus dem Bette. „Die alte Geschichte: Höhentrieb ist unmodern. Ein gütiges Geschick sorgt immer wieder dafür, daß die Bäume nicht in den Himmel wachsen."

„Was dir hier oben wohl überhaupt schwer fallen sollte!"

„Aha, jetzt kommst du mir mit Logik. Auch 'ne seltene Ware sonst bei den Herren Lyrikern!"

Sie kleideten sich an und begaben sich dann beide in das Gastzimmer. Bei dem Kaffee wurden noch einmal die Grußkarten geprüft und durchgelesen.

„Ich halte dies aus taktischen Gründen für höchst wichtig," meinte Franz. „Was man am Abend schrieb, macht sich oft am nächsten Morgen ganz anders. Da setzt einem die Nüchternheit die Brille auf die Nase." — — —

Bald darauf traten sie hinaus. Ein schier undurchdringliches Grau stand noch immer festgerammt um und über der Kuppe. Doch als sie, nach vorheriger Anweisung des Pfades, ein Stück tiefer geschritten waren, kam Leben und Bewegung in die zähe Nebelmasse. Wie aufgescheuchte Dämonen jagten wilde Wolkenfetzen um den Berg, schlangen sich durcheinander, glitten nieder, um gleich darauf wie mit riesigen Polypenarmen wieder emporzugreifen. Dazwischendurch zerriß für Augenblicke der Dunstschleier, und ein Stück Tal zeigte sich den Wanderern.

„Es wird, es wird! Die Sonne kämpft wie eine Löwin!" rief Ehrhardt.

„Hurra, mein Junge! Deutschen Wanderern blühte noch immer das Glück!" Und ein langgezogener Juchzer drang durch das Grau und brach sich dann mehrstimmig als Echo an den unsichtbaren Bergwänden. —

Über Weidestrecken ging der stark fallende Abstieg, ab und zu zwischen Holzgattern, innerhalb derer Rinderherden weideten. Einmal grüßte fast gespenstisch der Schatten einer Melkerhütte. Dann trat Buchenwald heran, von Schlittwegen durchfurcht, auf denen Holzfäller ihre Lasten hatten zu Tale gleiten lassen. Wieder eine Strecke Weidefläche. Dann ausgewaschene Hohlwege, Felsschroffen von sturmzerwühlten Tannen und Einzelblöcken durchsetzt. Als das Bergdorf Geishausen hinter ihnen lag, schlug noch einmal Laubwald seinen duftig=grünen Mantel um die Freunde. Und dann blieb Frau Sonne Siegerin. Da brach ein lautes Hurra! als Dank aus beider Mund.

Im Zickzack, immer steiler sich an der Berglehne niederstürzend, wandte sich der Pfad dem Thurtale zu. Jetzt blitzten die Dächer von St. Amarin herauf, weiterhin talauf grüßte Wesserling, durch eine Brücke von dem Dorfe Hüssen geschieden. Hütten und Paläste, Gärten und Schlote zeigten sich den Blicken, dazwischen wand sich der schimmernde Fluß, der Schlängellauf einer Eisenbahn, Wiesen, Ackerland und Waldinseln rahmten das Tal ein; eine freundliche Kapelle hob ihren hellen Turm: ein echtes Bild der Südvogesen!

Ein paar Minuten blieben die Freunde stehen, das glänzende Bild in sich aufzunehmen. Hinter ihnen türmte sich in fast erdrückender Hoheit der König Belchen, von einer ernsten Hofschar sich ihm beugender Felsentrabanten umgeben. Nach Westen zeigten sich leise umdämmert und in charakteristischen Formen die Kuppen und Kämme, welche Frankreich vom Deutschen Reiche trennen, hinter denen die Quellen der Mosel zu Tage gehen, wo die Wasser von Plombières aus dem Erdreich springen, welche dem letzten Napoleon so oft Heilung gewähren sollten. In der Tiefe aber, talauf und -ab, sausen wieder die Webstühle, gegen 6000 Menschen Unterhalt gewährend.

Prachtvolle Bergkegel rahmen das Thurtal auf beiden Seiten ein, Aussichten bietend, zu Höhenwanderung lockend, wie solche die beiden Freunde bereits mehrfach genossen hatten. Scharf eingerissene Seitentäler öffnen sich rechts und links. Was aber die Geologen immer wieder angeregt und gefesselt hat, das sind die großen Erdmoränen, welche hier im oberen Tale sich quer wie Riegel vorlegen, und auf denen Wesserling und St. Amarin sich aufgebaut haben. Sie erzählen uns stumm und doch so bereit, daß vor Jahrmillionen sich hier einst durch das Tal ein starker Gletscherstrom bewegte, wo heute ein fast nervös sich gebendes Kulturleben entfaltet.

St. Amarin, ein heiteres Städtlein, bildet noch heute den natürlichen Mittelpunkt des betriebsamen Tales, durch das bereits zu Römerzeiten sich eine Handelsstraße hinüber in das Quellgebiet der Mosel zog. Ein Mönch Amarin, der später wohl heilig gesprochen wurde, begründete im 7. Jahrhundert den Ort und führte das Evangelium unter den Heiden ein. Noch heute reden die Anwohner nicht von einem Thurtale, sondern von dem Tale von St. Amarin. Orte erstanden allmählich, Heiligtümer predigten von der Macht Gottes, und endlich sehen wir die Fürstabtei von Murbach als Herrscher des Tales. Burgen waren aufgerichtet worden, und wer die Geschichte des Tales durchgeht, der findet gar manch packendes Kapitel, von Feuer und Schwert ist die Rede, von Treue und Verrat. 1699 ließ der prachtliebende Fürstabt von Murbach, Eberhardt von Löwenstein, bei Wesserling ein gar stolzes Schloß aufführen, seine Macht deutlicher zu bekunden, und in den herrlich eingerichteten Räumen und dem weiten Parke galante und rauschende Feste zu veranstalten. Im stillen aber stieg der Unwille des niedergehaltenen Volkes immer höher gegen die geistlichen Herren, die zwar Frömmigkeit und Gottesdemut auf ihr Banner geschrieben hatten, aber in Wollust und sündhaftem Treiben die Tage vergeudeten. So schritt denn finster die Vergeltung näher und näher. In wahrhaft dramatischen Zügen entrollt sich für uns heute noch die Entwicklung des Aufstandes, in dem des Volkes nur zu gerechter Haß und Zorn in Flammen emporschlug.

Talab waren unsere Freunde gezogen, immer dem Laufe der Thur folgend, bis sie gegen Abend Thann erreichten. Bis zuletzt blieben ihnen die herrlichen Bergkulissen treu, während sie auf der Talsohle eine Stätte regster Industrie nach der anderen durchschritten. Die heitere Kreisstadt, die bereits dem Sundgau angehört, baut sich mit Resten alter Befestigungswerke zwischen dem Schloßberge und dem Staufen auf, hoch überragt von dem schlanken Spitzturme des Münsters St. Theobald. Vom Schloßberge aber, wo Überbleibsel der zerstörten Engelsburg niedergrüßen, blickt, fast gespenstisch anzuschauen, ein umgestürzter Turmstumpf mit seiner Riesenrundung hernieder, allgemein das „Hexenauge" genannt. Geschichtsforscher, Maler, Poeten, sie alle können hier in Thann Studien nachgehen. Doch am volkstümlichsten ist Thann durch seinen stürmenden Wein, den „Rangen", weithin bekannt geworden. Schon der Schalksnarr der deutschen Literatur, der findige Silbenstecher Fischart, schreibt über diesen Edelwein: „Im Rangenwein zu Dann, da steckt der heilige Sankt Rango, der nimmt den Rang, und ringt so lang, bis er einen rängt und drängt unter die Bank".
— An der Stadtmauer mit ihren Zingeln und Turmresten, den reizvoll eingebauten Lauben und Hütten, all dem so malerischen Häusergerümpel, das sich hier wie

schutzsuchend festgenistet hat: es ist ein prächtiges Stück Poesie, das sich uns hier auftut. Thann besitzt auch noch verschiedene mittelalterliche Bürgerhäuser, doch der Brennpunkt der Stadt bleibt das herrliche Münster, das man früher sogar dem Erbauer des Straßburger Münsters, Erwin, zuschrieb.

Stiller denn sonst saßen an diesem Abend die Thüringer Freunde an der Wirtshaustafel. Die eigentliche Bergfahrt durch den Wasgau lag ja nun hinter ihnen. Im Geiste glitten all die köstlichen Bilder noch einmal herauf, die sie erwandert hatten, traten Erinnerungen an heitere und anregende Stunden lebendiger vor ihre Seelen, und daß dies nun hinter ihnen lag, was sie so heiß ersehnt hatten, ließ ein paar Tropfen Wehmut in ihre Weingläser fallen. Jetzt erst spürten sie so recht den tiefen Zauber, den das herrliche Gebirge auf sie geübt hatte. Aus Natur, Geschichte, Kunst und Poesie war ihnen voll Harmonie und Wohlklang etwas heraufgestiegen, was sie innerlich größer gemacht hatte, sie mit Dank erfüllte. In dieser Abendstunde fühlten beide deutlich, daß sie einen Schatz mit heim nehmen würden, von dem sie noch lange zehren konnten. Über allen Tagen und ihren Wanderfreuden hatte immer wieder der deutsche Aar gerauscht. Kaisergestalten waren unter Ruinen an ihnen vorübergeschritten, Leid und Freud des deutschen Volkes durch die Jahrhunderte hatte in erschütternden und hochgemuten Bildern an ihre Herzen gerührt.

Die Gläser klangen aneinander.

„Auf frohe und getreue Wanderschaft durchs Leben, Franz!"

„Prosit, mein Junge! So sei es! Du wirst dich manchmal heimlich über mich ergrimmt haben, teurer Lyriker. Aber wer kann über seinen Schatten springen?"

„Wir haben uns ergänzt, und darin lag auch ein Teil der Freuden dieser Wanderfahrt!"

Noch einige Kartengrüße in die Heimat wurden geschrieben. Dann suchten die Freunde ihre Schlafstatt auf. — —

Nach einem Gange um den alten Teil der Stadt und einem Besuche des Münsters klommen sie am nächsten Morgen erst zum Schloßberge empor, die Ruinen der Engelsburg zu besichtigen. Durch das steinerne Rund des „Hexenauges" sahen sie zur Stadt nieder und nahmen dann für kurze Zeit Platz auf einer Mauerkante. Ehrhardt hatte eine kleine Chronik über Thann aus der Tasche gezogen.

„Das Volk ist ja ein Kind," sagte er, „im Handumdrehen in seiner Meinung umzustimmen. Aber es ist auch ein Poet und redet wahr. In diesem „Hexenauge" hat es sich die Erinnerungen an dunkle Tage aufgespart. Denn fürchterlich haben hier die Justizmorde gewirtschaftet. Hör' doch nur! Es wird vermeldet: „Den 9. Wintermonat 1572 hat man allhier angefangen, vier sogenannte Hexen zu verbrennen, und hat dergleichen Exekution gewährt bis anno 1629, also daß innerhalb 48 Jahren, nur allein hier, theils von hier, theils von der Herrschaft bei 152 (darunter etwa acht Mannspersonen gewesen) eingezogen, gefoldert, hingerichtet und verbrannt worden'. Brrrr!"

„Mensch, da überkommt einen ja eine gediegene Gänsehaut! Komm, wir machen, daß wir hinüber auf den Staufen kommen. Schon sein Name hat etwas Anheimelnderes!" — — —

Der wonnige Ausblick von dem 514 Meter hohen Staufen, dem äußersten Grenzwächter des im Süden sich breitenden Sundgaues, stimmte denn auch die Freunde versöhnlicher.

„Man muß hierherum lernen, über den Wald elender, öder Fabrikschornsteine hinwegzusehen," meinte Franz, „sonst bleibt nichts übrig."

Weich und in lachende Sonne gebadet, lag der Sundgau vor ihnen, von der malerischen Kette des Schweizer Jura eingeschlossen. Dahinter aber funkelten in überirdischer Hoheit die Schneehäupter der Alpenwelt.

„Noch ein paar Tage," lachte Franz, „und wir tummeln uns unter den Augen des unbekannten aber trotzdem verehrten Onkels zwischen Deutschland, Frankreich und Schweiz herum. Ich denke, es soll doch einen guten Abschluß geben!" — — —

Jenseits von Thann schlugen die Freunde den Weg nach Sennheim ein. Das freundliche Städtlein baut sich nicht weit von der Thur auf, ist aber bereits dem ge=

schlossenen Talgrunde entrückt. Nach Osten breitet sich eine offene, leicht gewellte Fläche aus, das Ochsenfeld genannt. Und dieser Landstrich ist es, welcher besonders auf die Geschichtsforscher von jeher eine große Anziehungskraft ausübte. Am stimmungsvollsten zeigt sich dieses Feld, wenn tiefhängende Wolken gespenstisch darüberlagern oder unter dem Anwehen des Sturmes wie fliehende Dämonen dahinjagen. In solchen Stunden wird dann wieder wach, was seit Jahrhunderten Überlieferung und des Volkes nie rastende Phantasie an Gestalten und Geschehnissen mit dem Ochsenfelde geheimnisvoll verwebten. Dann geht ein Stöhnen und Heulen über das einsame Feld, durch die Einzelbäume klingt es wie Weinen, über die Wasserläufe, welche das weite Blachfeld durchziehen, flimmert es fahl und schwefelgelb. Als erwache in der aufgestörten Natur ein Erinnern, das sie grausen macht.

Hier auf dem Ochsenfelde soll, verschiedenen Forschern nach, im Jahre 58 vor Christi jene mörderische Entscheidungsschlacht zwischen Julius Cäsar und dem Heerkönige der Deutschen stattgefunden haben, wobei den Römern noch einmal das linke Rheinufer zufiel. Andere erblicken hier die Ebene, auf der im Jahre 833 die treulosen Söhne Ludwigs des Frommen den schändlichsten Verrat am Vater verübt haben. Darum heißt heute noch oft dies Gelände nur das Lügenfeld. In früheren Zeiten soll man oft in wilden Nächten verworrenes Kriegsgetöse auf dem

Lügenfelde vernommen haben. Verspätete Wanderer sahen voll gerüstete Krieger seitlich durch die Abendnebel schreiten. Erst kurz vor Sennheim oder Thann waren die unheimlichen Begleiter plötzlich verschwunden. Der Anführer dieser nächtlichen Schar, die man auch schon in geschlossenen Reihen sah heranrücken, soll Karl der Kahle sein. Daher stammt auch die noch öfter auftretende Redensart, den Heimgang eines Menschen zu bezeichnen: „Er ist unter die Soldaten des Prinzen Karl gegangen!"

Nie wird ergründet werden können, wie weit geschichtliche Wahrheit, wie weit Volksphantasie hier beim Ochsenfelde den Vorrang beanspruchen dürfen. Der Stimmungsgehalt bleibt bestehen, und das ist die Hauptsache. Das Volk will sichtbare Merkzeichen für alles das besitzen, mit dem es große Taten, Geschehnisse erschütternder Art, liebliche oder wehmütige Bilder und Gestalten verbindet. Für das Volk ruht auch heute auf dem Ochsenfelde der sogenannte Bibelstein. Darunter schläft der alte Kaiser Barbarossa, und wer sein Ohr dicht auf den Stein legt, der vernimmt ganz deutlich das Knistern des wachsenden Bartes.

Den letzten geschichtlichen Glanz empfing das Ochsenfeld im Jahre 1634, in welchem Herzog Bernhard von Weimar die unter Herzog Karl stehenden lothringischen Truppen in blutiger Schlacht aufs Haupt schlug. Damals stieg in dem tapferen weimarischen Fürsten der Gedanke auf, Elsaß zu einem selbständigen Herzogtume zu erheben.

Allen Plänen und Hoffnungen setzte aber der so frühe Tod des Helden ein frühes Ziel. — — —

Lange hatten unsere Freunde das Ochsenfeld durchkreuzt, als zögerten sie immer wieder, hinüber nach dem Walde der qualmenden Schlote ihre Schritte zu lenken, unter deren Rauchschleiern die zweitgrößte Stadt des Elsaß sich breitete, das gewerbrührige Mülhausen. Ihre Blicke wanderten die Kette der Gipfel und Kämme hin, welche nach Westen das Rheintal abschließen. Auf so manchem dieser Felsriffe hatten sie im Wandern gestanden, und ihre Seelen satt an der Schönheit des Wasgau getrunken. Nun lag Abendglanz über den flimmernden Höhen. Drüben im Franzenlande sank die Sonne nieder. Wenn dann der Mond über das Ochsenfeld würde heraufsteigen, die Wasgenberge in silbernes Märchenlicht eintauchen, dann schaute das Volk wohl hinauf zu den Höhen, durch deren Nebelschimmer Held Roland mit Emma, der Tochter Karls des Großen, als gespenstisch=flimmernde Erscheinungen umherirren. Und brunten auf dem von Heide, Ginster und Geröll bedeckten Ochsenfelde hörte man wieder heimlichen Marschtritt nahender stummer Kriegs=scharen.

Droben der rauschende Wasgenwald, hier eine stimmungsvolle Heide, vom Volke belebt mit seltsamen Gestalten, dann aber nach Süden hin Schlote und öde Fabrikbauten. gradlinige Wasserkanäle, eintönige Landstraßen, verstaubt, von einschläfernden Pappelreihen besäumt.

Selbst die Dörfer, die sich hier in der Tiefe des Rheintales dem Auge zeigen, haben alles das eingebüßt, was das deutsche Gemüt mit der uralten Poesie des Bauernstandes verbindet. Die Fürsorge Frankreichs für das Elsaß schuf hier im offenen Sundgau durch Anlegung von Kanälen mit Treidelpfaden, schnurgraden Straßen, viel Segen für die der Industrie gewonnene Bevölkerung, doch dahin ist, was Augenweide und Herzensfreude dem Wanderer schafft. — —

Diese Nacht blieben die Freunde in dem betriebsamen Mülhausen. Als aber der Morgen aufgestanden war, beeilten sie sich, der Stadt den Rücken zu kehren. Das schöne Rathaus mit dem „Klappersteine", einer häßlichen Fratze mit roter Zunge, einst Lästermäulern umgehängt, wurde besichtigt, ebenso streiften die Freunde rasch die Kirchen, dann aber schlugen sie sich aufatmend westlich in das Tal der Doller, das weiter oben den Namen Maßmünstertal annimmt, nach dem Hauptorte des Tales. Über Lutterbach und Reiningen ging die Morgenwanderung. Leicht gewelltes Land stufte sich sacht höher und höher dem winkenden Gebirge zu. Und dann hielten die Freunde vor einem mit Obstbäumen bepflanzten Hügel, der von einer Gruppe unfroh wirkender Gebäude gekrönt wurde: dem Trappistenkloster „Notre Dame du Mont des Olives".

Das Kloster Oelenberg ist sehr alten Ursprunges. Bereits im 12. Jahrhundert erhob sich hier eine heilige Stätte, gegründet von der Mutter des Papstes Leo IX.,

Heilwig von Egisheim. Als der letzte Abt 1626 das Zeitliche segnete, gelangte das Kloster in den Besitz der Jesuiten. Während der großen Revolution wurde es von den Aufrührern in Trümmer gelegt. Späterhin gelangte es durch den Kauf an den Orden der Trappisten, die hier nun eine Stätte schufen, welche wohl so lange bestehen wird, bis eines Tages erwachte Vernunft und Freiheitssehnsucht Tor und Zellen sprengen werden. Dicht an das Mönchskloster grenzt ein Nonnenkloster. Über dem Portal des ersteren liest man die Inschrift: „Solitudo janua coeli".

Schweigend hatten unsere jungen Wanderer eine Weile vor dem Eingang gehalten. Ein merkwürdiges Gefühl hielt sie noch immer ab, ihre Wißbegier zu befriedigen.

„Weißt du auch, Franz, daß mich fast etwas wie Furcht beschleicht? 's ist lächerlich, aber ich kann mich dessen nicht erwehren."

Franz nickte. Dann aber erwiderte er lachend:

„Ich kann's nicht leugnen, daß ich zuerst ähnlich empfand. Wir müßten uns aber schämen, wollten wir dem nachgeben. Denk' mal, wie man daheim Ohren und Augen aufsperren wird, wenn wir erzählen, wir seien bei Trappisten gewesen. Ergo: Zähne zusammen! Hinein in diese Höhle der lebendig Begrabenen, die das herrlichste Geschenk der Menschheit abtöteten, unsere Sprache! Jetzt brenne ich sogar darauf, die Weißkutten kennen zu lernen."

Sie traten an das Portal und läuteten. Dann nahm sie ein Raum auf, der als Verkaufsladen für allerlei Heiligenkram und Erinnerungsgegenstände eingerichtet war. Eine Weile währte es, bis ein junger, frisch ausschauender Mönch erschien, der sie freundlich zum Rundgange aufforderte. Für jeden Mönch, dem das Führeramt aufgetragen wurde, ist für diesen Tag das Schweigegebot aufgehoben. Die Freunde gewannen sogar den Eindruck, als ob diese Freiheit recht ausgiebig genossen werde. Der junge Trappist hatte erst einen prüfenden Blick auf die Freunde geworfen, und da er aus den Augen dieser Erwartung, Staunen und wieder eine gewisse Scheu herausgelesen, wurde er bald gesprächig, über alles, was Einrichtung und Lebensweise des Klosters betraf, ohne gefragt zu werden, gründliche Auskunft gebend.

Durch völlig kahle Räume, Gänge und Treppen leitete er sie. Ein häßlicher Gemüsegeruch durchdrang stark die gesamte Klosteranlage. Denn den Trappisten ist jede Fleischnahrung streng verboten. Nur aus in Salzwasser gekochtem Gemüse nebst Brot und selbstgebrautem Biere besteht ihre Nahrung. Die gleiche Kost erhalten auch täglich die Armen, welche das Kloster speist. Endlich standen sie vor dem großen Speisesaal. Über der Tür war auf eine Tafel ein Tuch gemalt, das von Knochenfingern gehalten wurde. Ein grausiger Totenkopf grinzte drüberweg. Die Inschrift aber lautete: „Vielleicht heute Nacht!" Rings um die lange Tafel stehen statt Stühle hohe,

rohbearbeitete Klötze ohne Lehne. Jeder Mönch deckt sich
selbst. Auch für die Toten wird dreißig Tage noch das
Essen aufgetragen. Messer und Gabel gibt es nicht. Brett=
chen, wie Falzbeine geformt, vertreten die Stelle. Hölzern
sind auch die Teller. Abt und Prior sitzen von den Brü=
dern getrennt an zwei Tischen, unter einem Kreuze, an
dessen Fuß man einen übermenschlich großen Totenschädel
angebracht hat. Das Essen währt nur kurze Zeit. Wäh=
renddessen wird aber noch aus dem Leben der Heiligen
Erbauliches vorgelesen. Manchmal klingelt es plötzlich.
Dann sinken die Holzstäbchen nieder. Zur „innerlichen
Vereinigung mit Gott" senkt ein jeder stumm das Haupt.

Von hier schritten sie zur Kirche, die bis auf zwei
weiße Marmorengel, welche vor dem Altar knien, völlig
schmucklos ist. Kälte schlägt dem Besucher entgegen. In
diesem freudlosen Raume versammeln sich die Mönche
von morgens ein Uhr bis abends sieben Uhr jede Stunde
zur Andacht. In diesen eiskalten Mauern findet man sich
Sommer und Winter zusammen zu den Tageszeiten der
Mutter Gottes, zur stillen Betrachtung, zu Metten, Messe,
Prim, Vorlesung des „Marienbuches", dem englischen
Gruß, Vesper und anderen Andachtsübungen. An die
Kirche stößt der Gottesacker, der Friedhof der Trappisten.
Er gleicht einer Kiesgrube, von Hügeln übersäet. Keine
Blume, nicht ein Grashalm wird geduldet. Wie die
strenge Askese vorschreibt, daß der Mensch sich selbst hassen
und verachten soll, so darf auch kein äußeres Zeichen

der Liebe und Erinnerung seinen Hügel schmücken. Auf kleinen schwarzen Kreuzen sind nur die Namen jener aufgezeichnet, die durch Selbstkasteiung in den himmlischen Freudensaal einzogen. Nach jeder Mahlzeit erheben sich die Brüder, um unter Absingung des 50. Psalms am Friedhofe hin in die Kirche zu ziehen.

Täglich finden Geißelungen statt, alles irdische im Menschen zu ertöten. Von entsetzlichem Fanatismus aber erzählen die letzten Stunden eines Sterbenden. Sobald im Kloster feststeht, daß wieder ein Bruder abberufen werden soll, tragen Mönche den Sterbenden in die Kirche, wo er auf ein von Stroh und Asche gebildetes Kreuz niedergelegt wird. Den Stöhnenden und in den letzten Zuckungen sich Windenden umstehen dann die Brüder und erflehen vom Himmel die Gnade, auch recht bald aus den „Fesseln des Fleisches" erlöst zu werden.

Von den Gräbern führte der junge Mönch die Thüringer in die Werkstätten des Klosters. In der Hauptsache besteht die Tätigkeit der Brüder im Tuchweben. Sonst heißt es noch Bier brauen, Ackerdienste verrichten und den Kirchendienst besorgen. Alles dies wechselt für jeden einzelnen ab. Der Raum, in welchem das Tuch gewebt wird, ist der einzige im Kloster, welcher im Winter geheizt wird. Die Webstühle klapperten, als unsere Freunde eintraten. Da und dort hob sich ein Kopf, und aus der Kapuze nickte stumm ein Mönch den jungen Gästen zu. Sonst herrschte Grabesschweigen. Und unseren Freunden

war es, als hätte sie das Innere eines Zuchthauses auf=
genommen. Plötzlich klatschte ein Bruder in die Hände.
Die Räder und Webschiffchen standen still. Gesenkten
Hauptes schauten alle nieder, „sich innerlich mit Gott zu
unterhalten". Auch in den Schlafsaal traten die Wande=
rer. Gänge führten da zwischen hölzernen Verschlägen
hin, von denen ein jeder eine Schlafstube darstellte. Jeder
kleine Verschlag war nur durch einen Vorhang abge=
schlossen. Die Bettstatt zeigt festgestampftes Stroh in einer
Dichtigkeit von vier Fingern; Kissen und Decke vollendeten
die Ausstattung. Im Kapitelzimmer ist kein Buch zu
entdecken. Nur Diensttafeln sind angebracht, die Tätig=
keit der Brüder für die laufende Woche festzulegen. Hier
wird auch gebeichtet, worauf die Rücken entblößt werden,
und unter den Augen der anderen saust die Peitsche nieder,
bis das Opfer einer irren Gotteslehre bewußtlos zusam=
menbricht.

Draußen die sonnüberstrahlte Welt hört niemals das
Geschrei der Gemarterten, das Gestöhn der an Herz und
Leib todwunden Gefangenen. Wer über die Schwelle des
Klosters am Ölberg tritt, läßt für immer alles hinter
sich, was Menschenherzen wert und teuer ist. Niemals
wieder darf er hinaus in das flutende Leben flüchten.
Jeder Fluchtversuch würde Grausamkeiten ohne Ende nach
sich ziehen. So hütet das Trappistenkloster düsterste Ge=
heimnisse. Jeder Aufschrei der Gemarterten wird über=
tönt von dem schaurigen Gesange der Brüder. Und nach

der Geißel folgen Halseisen und Ketten. Mancher ist dann freiwillig aus der Welt geschieden. Er zerriß den Strick von der Kutte und beendete ein Dasein ohne Würde und ohne Hoffnung. Ein Kieshügel wölbte sich dann über dem zertretenen Menschenkinde. — — —

Als die Freunde wieder draußen am Portal standen, die Sonne ihnen so hell und froh ins Gesicht lachte, weit, weit die Welt zu ihren Füßen sich breitete, da erschienen ihnen sogar die fernen Schlotwälder wie von Poesie überhaucht. Da fühlten sie in dieser Stunde deutlich, groß und wahr, wenn auch unausgesprochen, daß Gott zu suchen und zu finden allein in werktüchtiger Arbeit liege, in dem Ausnützen aller gegebenen Kräfte und Fähigkeiten.

Ehrhardt brach zuerst das lastende Schweigen.

„Ich bereue es nicht, daß wir es wahr gemacht haben, und über alle Scheu fort in dieses Haus des Schweigens eindrangen. Es wird uns beiden sicherlich auch eine denkwürdige Erinnerung bleiben. Aber über ein Empfinden komme ich nicht fort: das des tiefsten Mitleides! Daß es heute noch Menschen gibt, die sich bei Lebzeiten abtöten, während draußen das volle Leben, stärker denn je, braust, wo unsere Zeit täglich neue Aufgaben stellt, das will mir nicht in den Kopf!"

„Alter Junge, mir auch nicht," entgegnete Franz, dem etwas wie ehrlicher Zorn aus den Augen funkelte. „Heute fühle ich mich doppelt stolz auf unseren alten, derben Martin Luther. Herrgott, ich wünschte, er stünde noch

einmal auf, um mit seinen Fäusten gegen diese Kloster=
pforte zu schlagen und mit brennender Rede die Weiß=
kutten in alle Winde zu scheuchen." —

Noch eine Weile hielten beide im Anschauen der freund=
lichen Landschaft still. Dann schritten sie rüstig den Ölberg
hinab. Der Sommerwind sang ihnen heimlich um die
frischen Gesichter. Hoch in den Lüften jubelten die Ler=
chen. Hinter ihnen versanken nach und nach die rauchenden
Feueressen, je mehr sie sich dem Illtal näherten. Näher
und näher rückten ihnen die bewaldeten Berge wieder,
denen vorgelagert sich liebliche Hügel abstuften, von
Weinbergen, Gärten und Waldinseln bedeckt. Ein Bähn=
lein schlängelt sich gemütlich durch das Tal der Ill, erst
bis Altkirch, um sich dann in scharfem Knick Pfirt zu=
zuwenden.

„Dem Onkel müssen heute schon die Ohren klingen,"
lachte Franz. „Wenn es eine Funkentelegraphie der See=
len gibt, so muß er merken, wie wir ihm stündlich näher
auf den Pelz rücken. Morgen nachmittag stürmen wir seine
alte Jägerburg."

„Hoffenlich auch bald sein Herz!" fügte Ehrhardt hinzu.

„Na, aber selbstverständlich, edler Lyriker! Kerle, wie
wir?!"

Heiter setzten sie ihren Weg fort. — — —

Zwölftes Kapitel

Das Illtal steht hinsichtlich seiner geschichtlichen Ver=
gangenheit im Vordergrunde des Sundgaues. Freilich
die steinernen Zeugen früherer Jahrhunderte sind fast
alle zerfallen und vernichtet. Nur aus den Chroniken
rauscht es noch vernehmlich. Einst aber war dieses liebliche
Tal besät mit Schlössern und Burgen. Bereits die Römer
hatten als Pioniere einen Teil als Straße geebnet und
an strategisch wichtigen Punkten mit Kastellen besetzt. So
hat für den Geschichtskenner das Tal erhöhten Reiz, und
belebt ihm die süße wohltuende Stille des Sundgaues,
die so wohl jedem Wanderer tut, der die letzten Tage immer
wieder unwirsch zwischen öden Fabriken und Häuserzeilen
mußte seinen Weg nehmen, unfroh angerührt von dem
Hauch sozialistischer Elemente. Im Sundgau aber findet
er den Frieden seiner Seele wieder. Ein ganz eigenes

Land öffnet sich ihm hier, wenig von dem Verkehr berührt, und darum in Sitte und Eigenart noch manch Fesselndes offenbarend. Die mächtige Hoheit der Bergwelt, wie solche in einer Wasgenfahrt immer wieder unser Entzücken steigert, hat der Sundgau nicht aufzuweisen. Die köstlichen Wälder aber, welche die Höhen bedecken, die herrlichen Einblicke hier in die Alpenwelt, dort in das französische Gebiet, all die Schmugglerpfade mit ihren Marterln, die geheimnisvolle Poesie, welche diesen über drei Reiche verteilten Teil des Jura umschwebt: dies alles bringt einen so seltsamen Gegensatz zu früheren Wandertagen, der uns rasch in seinen Bann schlägt. Pfirt im äußersten Zipfel des Deutschen Reiches bildet dann den würdigen Abschluß einer Wanderung durch das wiedergewonnene Reichsland.

Statt der starren Felsenwelt und dem Düster der Tannen umfloß heute sonnigste Stimmung unsere Thüringer Freunde. Hinter ihnen lagen die stöhnenden und surrenden Maschinen, entronnen waren sie dem unheimlichen Schweigen des Ölberges. In den Gärten hob das Obst zu reifen an, dörflichere Bilder zogen an ihnen vorüber. Das Gegacker von Enten und Gänsen empfing sie, über die Zäune nickten Blütenbüschel, Tauben flügelten um versonnen ruhende Gehöfte, und neben ihnen plauderte die geschwätzige Ill vom Hundertsten ins Tausendste. Da weiteten sich die jugendlichen Herzen. Immer wieder stieg ein deutsches Lied in den Sommerhimmel hinein, und wenn es durch eine Dorfstraße ging, so öffneten sich hinter den Wanderern manch Fenster, und ein neugieriger Frauenkopf blickte ihnen nach.

Es war gegen Abend, da Altkirch vor ihnen auftauchte. Ein Bild, so deutsch, so lockend und anheimelnd, daß die Freunde für ein paar Minuten innehielten, sich des ersten Grußes zu erfreuen. Von der munteren Ill umrauscht, stieg vor ihren Augen ein von schmucken Landhäusern und malerischen Hütten terrassenförmig besetzter Hügel auf. Seine Kuppe war in ein Meer von Obstbäumen getaucht, aus dessen Mitte ein romanischer Münsterbau in den von rosigen Wölkchen umsäumten Abendhimmel ragte.

„Ist das deutsch!" sagte Ehrhardt. „Man muß das Nest lieb haben, ehe man es kennt."

„Wenn sein Gasthaus sich ebenbürtig zeigt, dann Bester, zittre! Dann entpuppe ich mich noch zum Dichter! Mich hungert wie den alten Moor. Komm, komm! Ich bin nicht willens, mit dir wie einst Josua und Kaleb nur mit offenem Munde in das Gelobte Land zu schauen. Realpolitiker, wie ich bin, gedenke ich eine Klinge zu schlagen, deren sich unser Deutschtum nicht zu schämen braucht!"

„Morgen abend um diese Zeit strecken wir die Beine im Forsthause zu Pfirt!"

„Und Waldmann, der krummbeinige Dackel, umschnuppert uns fröhlich. Freu' mich selbst drauf! Wir müssen dem Onkel 'n bißchen Leben in die Bude bringen!" —

„Schade, daß alles mal ein Ende hat!"

„Till Eulenspiegel! Heute ist heut!" — —

Franz schob seinen Arm in den des Freundes, und so hielten sie Einzug in das Städtlein, auf dessen Gassen sacht des Tages Lärm verklang. — — —

Die goldene Morgensonne blinzelte über den Kaffeetisch, an dem tags darauf die beiden Freunde gemütlich saßen. Ehrhardt hatte soeben dem Wirte die Rechnung für beide beglichen, und überzählte nun den Rest seiner Barschaft. Franz schaute ihm schmunzelnd zu. Dann schob er mit ausgestrecktem Zeigefinger einige Goldstücke seitwärts.

„Du mußt die Böcke von den Schafen trennen, mein Junge! Das sind die Führer. Die müssen uns heim ins Thüringer Land bringen. Im übrigen sieht's mit unserem Vermögen bald windig aus. Kehraus-Galopp!"

„Kann uns nicht beengen, Franz. Wenn sie heute abend in Pfirt vor den Türen fegen — ich denke, wir finden auch hier die liebe Sonnabendsitte wieder! — dann klopfen wir an der Oberförsterei an."

„Wenn uns der wackere Onkel nicht bereits unterwegs aus einem Hinterhalt überfällt. Grünröcken ist nicht zu trauen. Wir haben ihm ja von unserer heutigen Ankunft geschrieben, und daß wir gegen Abend gedächten zu Fuß in das südlichste Bollwerk Deutschlands einzubrechen."

„Bollwerk ist gut! Ich glaube, das Nest stellt den Zaunkönig unter den deutschen Städten dar ... kaum 500 Seelen."

„Um so friedlicher wird's hergehen. Du glaubst gar nicht, wie ich wieder innerlich mich aufrichte, seitdem diese elenden Spinnereien hinter uns liegen."

„Da hast du recht. Die gingen mir auch allmählich auf die Nerven, wenn ich auch als Stoiker mir es nicht merken ließ! Ihr Lyriker habt nun mal 'was Feminines an euch."

Lachend erwiderte Ehrhardt den Übermut des Wandergenossen mit einem Knuff auf dessen Oberarm. Dann griff er in die Brusttasche und zog einen eingewickelten kleinen Gegenstand heraus. Ehe er das Papier den neugierig herüberblickenden Augen des Freundes enthüllte, sagte er:

„Das Maß deiner Sünden, mein Freund, ist bis zum Überlaufen voll. Dieser Einsicht wirst du dich kaum mehr entziehen können. Eine Besserung bei dir ohne gewisse Einwirkungen ist nicht zu denken. Ehe wir das Kloster auf dem Ölberg verließen, habe ich für dich noch ein letztes Mittel käuflich erstanden, trotz der bedenklichen Leere meines Geldsackes. Echte Liebe aber fragt nach Opfern nicht." Er schlug das Papier auseinander, und überreichte dann dem verdutzt dreinblickenden Freunde einen schwarzen Rosenkranz. „So, edler Thüringer! Dieses kostbare Amulett verehre ich dir hiermit. Halte es in Ehren und gedenke bei jeder Perle, wie weit dein sündiger Leib noch entfernt von der Berechtigung ist, dermaleinst ins Paradies zu marschieren."

Dankend empfing Franz das Heiligtum. Er ließ die Perlen durch seine Finger gleiten und erwiderte dann:

„Die Fürsorge für mein Seelenheil hat mich gradezu gebeugt und erschüttert. Erlaß mir aber, das Ding öffentlich zu tragen. Man könnte sonst vielleicht die Sache anders auslegen. In meinem stillen Kämmerlein soll es dafür nicht an reumütiger Buße fehlen."

„Das hoffe ich, du Windhund!"

„Nun zu dir, ungekrönter Dichter! Du faßt das Leben zu zart an. Du schreitest auf Sohlen durch die Welt. Unsere Zeit aber fordert Männer! In Eisen mußt du deine holden Glieder schlagen! Damit der Anfang gemacht wird — lumpen laß ich mich auch nicht! — nimm diese kostbare Erinnerung an unsere Wasgaufahrt! Als ich die Ruinen ... ich glaub', es war die Madenburg ... nach ungeleerten Weinfässern durchstöberte, während du verträumt auf wüste Reime sannest, da fand ich zufällig diesen herrlichen Schatz. Ich habe ihn eingesteckt, dir am Abschluß unserer Fahrt einen Beweis sinnigen Empfindens zu geben. Ein Saumtier, ein kleines Bergpferd mag es vor Jahrhunderten verloren haben." Er zog aus der Tasche ein kleines, verrostetes Hufeisen, und überreichte es strahlenden Gesichtes Ehrhardt. „Ich lasse meine Linke nie gern wissen, was die Rechte tut. Hier, nimm es ohne Erröten zum Erinnern an die bessere Hälfte eines Burschenpaares, das im Jahre des Heils 1910 über die

Höhen der Vogesen zog. Keinen Dank! Sentimentalität hasse ich!"

Lachend schüttelten sie sich die Hände und erhoben sich dann.

Frischer, erquickender Morgenwind sang durch das liebliche Tal, als beide hinan zu dem Hügel stiegen, der das Münster von Altkirch trägt. Da standen sie und freuten sich der heiteren Landschaft. Aus dem Illtal klangen Morgenglocken. Blau grüßten die Kuppen des Wasgenwaldes. Fern winkte das weinreiche Morandstal, in dem sich der Pilgerort St. Morand birgt. Drunten in der Stadt suchten sie dann noch das kleine Heimatsmuseum auf, das treuer Bürgersinn in einem der ehemaligen Umwallungstürme untergebracht. Es birgt das Wenige noch, das sich aus den Stürmen der Jahrhunderte, und aus der bewegten Geschichte von Altkirch erhalten hat. Dann setzten sie ihren Weg talauf fort.

Über Hirzbach ging's nach Hirsingen. Beide Orte erzählen in ihrem Namen noch von dem einstigen Hirschreichtum, mit dem diese Waldberge dicht bevölkert waren. Doch in der großen Revolution, da die falsch verstandene Freiheit ihre Orgien feierte, da hat man, wie im gesamten Wasgau, den herrlichen Wildbestand völlig vernichtet. Heute schreiten keine Edelhirsche mehr gegen Abend mit großen, blanken Augen aus den nahen Wäldern, im Illbache den Durst zu löschen. Über dem Dorfe Hirsingen erhob sich einst das leuchtende Schloß des Adelsgeschlech=

tes derer von Montjoie. Nur noch wenige Steinreste erzählen von ihm. Doch in der Kapelle neben der Pfarrkirche finden wir noch einige Grabsteine von Mitgliedern des Hauses. Noch eine andere Erinnerung ist mit Hirsingen verknüpft. Im Jahre 1825 siedelte, aus dem Aargau kommend, ein hausierender Jude, Jakob Felix, mit seiner Frau und einer fünfjährigen Tochter, Elisabetha Rachel, in das Dorf über. Da sein Geschäft nicht recht gehen wollte, so zwang er sein Töchterlein, durch Betteln und Singen im Illtale mit für die Familie zu „arbeiten". Und siehe da: alles gab der Kleinen gern. Ihre Stimme bezauberte, aus ihren Augen flackerte seltene Leidenschaft herauf. Ein paar Jahre später siedelte die Familie erst nach Lyon, dann nach Paris über. Und die Kleine? Am 3. Januar 1858 starb sie auf ihrem Landsitze bei Cannes, bewundert und gefeiert, bedeckt mit Ruhm, überschüttet mit Lorbeer, Edelsteinen und Millionen, Frankreichs größte Tragödin: Mademoiselle Rachel! — —

Jenseits Werenzhausen bogen die Freunde aus dem Tal der Ill, nun in das Luppachtal ein, die ansteigende Straße nach dem Endziele ihrer Ferienwanderung einzuschlagen: Pfirt, unter der Franzosenherrschaft Ferrette genannt. Eine gehobene Stimmung war über sie gekommen. Etwas Wartendes sprach aus ihren Augen. Wie prächtig stieg es sich in den frischen Sommermorgen hinein! Der Bach quirlte ihnen zur Seite übermütig entgegen, über seinen von Vergißmeinnicht überblauten Wiesen wirbelten die

Lerchen. Weich und balsamisch ging die Luft. Still stiegen in die klare Luft die von Laubwäldern bedeckten Berge, von Felsen durchsetzt, deren Geklüft manch Geheimnis zu wahren schien.

In Buschweiler hemmten die jungen Wanderer ein wenig ihre Schritte. Auf dem Friedhofe daselbst erhebt sich heute ein Mausoleum, das die Gebeine all der Mönche aufgenommen hat, welche früher in dem nachbarlichen Kloster Luppach der ewigen Ruhe entgegenharrten. Von diesem Kloster, das heute ein Gutshof geworden ist, erzählt die Chronik mancherlei. Der Sturm der Revolution ward auch ihm zum Grabgeläute. 1792 brach das Verhängnis über die fromme Stätte. — — — Bis um die Mitte des vorigen Jahrhunderts konnte man über dem Hauptportale des einstigen Klosters noch die Worte lesen: „Immortali viro Luppaco Delilo". Sie galten dem Erinnern des einst von Frankreich hoch gefeierten Dichters Jacques Delille. Die Greuel der französischen Revolution hatten den beschaulichen Mann aus Paris vertrieben. Seines Freimutes wegen hatte man ihn bereits auf die schwarze Liste für die Guillotine gesetzt, als ein Bürger im Konvent sehr richtig bemerkte, wenn man alle Dichter köpfen lassen wollte, wer wohl dann noch die Revolution besingen sollte. Da bestellte Robespierre bei Delille eine Hymne auf die Revolution. Binnen 24 Stunden schuf Delille seine unsterblich gewordene „Ode sur l'immortalité de l'ame", welche, „weil sie nicht das Tröstliche, sondern auch das Schreckende des Unsterblichkeitsglaubens für die Schuldbefleckten lebendig schilderte", die Schreckensmänner tief erschütterte. Delille aber war doch der Boden von Paris zu heiß geworden. So kam er endlich in das friedvolle Tal der Luppach und fand Unterkunft im Kloster Luppach. Abschreckend häßlich, ward er doch rasch als gefeierter Sänger der Brennpunkt der Verehrung aller Talbewohner. In seinem schönen Lehrgedicht „L'homme des champs", hat Delille mit weichen und innigen Tönen den Reiz des Tales gefeiert, den Frieden seines Klosters, die Hoheit der Ruine Hohenpfirt besungen. Es war der Dank eines echten Poeten für genossenes Glück, und eine gesicherte Gastfreundschaft. Später hat man Reue in Paris empfunden, und hat dem Dichter eine Ehrenstelle angeboten. Dieser aber erwiderte freimütig: „Ich habe mich während der Schreckenszeit in meiner Armut und Verborgenheit so gut befunden, daß ich dabei bleiben will, und wenn es nur aus Erkenntlichkeit wäre. Es wird mir gesagt, daß ich mich durch meine Weigerung Verfolgungen aussetze; sollte dies der Fall sein, so werde ich mit Rousseau ausrufen: Ihr verfolgt meinen Schatten!" — — Delille ist dann später durch Europa noch geirrt, lebte auch eine Zeitlang in Deutschland und kehrte erst im Jahre 1802 aus England nach Paris zurück. Für den Literaturkundigen aber bleibt das stille Tal von Luppach für immer mit seinem Erinnern verknüpft. — —

Höher und höher wand sich die Straße hinan. Allmählich hatte sich das Tal gebreitet, Wiesenland und Feldstreifen mehr Raum gebend. Und dann auf einmal lag vor den Blicken der Freunde, hoch auf einem stolzen Bergkegel die Ruine von Hohenpfirt, der Stammsitz der einst so mächtigen Grafen von Pfirt. Fast 200 Jahre saßen sie dort oben als souveräne Fürsten, die sich weder vor Kaiser noch Papst beugten. Niemals haben sie Vasallendienste getan, keine Urkunde erzählt, daß sie sich je verpflichtet hätten. Sie nannten sich „Grafen von Gottes Gnaden", sie führten auf eigene Rechnung mit eigenen Truppen Kriege, sie münzten Geld und herrschten in den Tagen ihrer größten Macht über ein Land, fast so weit, als das Auge droben von dem Schlosse erfassen konnte. Weit nach Frankreich hinüber dehnte sich ihr Besitz, der zum Teil aus dem Königreiche Burgund erstanden war. Auf Hohenpfirt war prunkvolle Hofhaltung zu Hause. Dort oben spielte sich die Geschichte dieses mächtigen Dynastengeschlechtes ab, deren Einzelkapitel von Blut triefen, von Verrat, Mord, Herrschsucht und Rache erzählen. Düstere Tragik ist mit diesem untergegangenen Hause verbunden.

Friedrich von Montbeliard, dessen Urahne ein Graf von Dagsburg gewesen war, hatte im Jahre 1125 den Titel eines Grafen von Pfirt angenommen. Von da an bis zum Jahre 1324 sollten nun die „Comtes de Ferrette" fast zwei Jahrhunderte herrschen. Die Geschichte hat diesen sechs Vertretern Namen beigelegt, die allein schon einen

Pfirt.

Hinweis auf die bewegte Geschichte dieses Hauses geben. Es sind dies: Der Gründer, der Kreuzfahrer, der Vermessene, der Vatermörder, der Mordbrenner, der Letzte. Der zweite Graf, Ludwig der Kreuzfahrer, war nicht wieder aus dem Morgenlande heimgekehrt. Wie sein Kaiser Barbarossa den Tod unterwegs fand, so sollte auch er als ein Opfer der guten Sache umkommen. Nun war sein Sohn Friedrich an die Regierung gekommen. Mit ihm, dem „Vermessenen", hebt die Tragödie des Hauses an. Friedrich II. war ein ausgesprochener Gegner der Kirche. Das schuf blutige Fehden. So wurde der Schloßherr von Pfirt im heißen Kampfe gegen die Truppen des Bischofs von Straßburg, Berthold, Herzog von Teck, aufs Haupt geschlagen. Vierzehn Tage hatten die hüben wie drüben verstärkten Heere bei Hirzfelden gerungen. Was nicht getötet worden war, flüchtete sich nun von den Überwundenen auf Schloß Hohenpfirt.

Diese Niederlage konnte Friedrich nicht vergessen. In seinem gekränkten Stolze wandte er sich nach Italien an den jugendlichen Kaisersohn Friedrichs II., Heinrich, und dieser sagte seine Hilfe auch zu. Der Haß gegen Rom saß ja den Hohenstaufen in Fleisch und Blut. Nun begann seitens der Truppen des Grafen von Pfirt ein Sengen und Morden im Gebiete des Bischofs von Straßburg. Da erschien plötzlich in deutschen Landen der Kaiser Friedrich II. Er schaffte Ruhe zwischen den streitenden Parteien und zwang den Grafen von Pfirt zur Buße und harter

Entschädigug. Tief brannte diese Strafe im Gemüte des Pfirter Schloßherrn. Rache! So schrie es in seinem Herzen. Und eines Tages überfiel er den auf einer Rundreise befindlichen Bischof, schlug dessen Begleitung nieder, raubte alles mitgeführte Kostbare, und schleppte dann den Kirchenfürsten auf das feste Schloß von Altkirch. Durch diese Tat waren Kaiser und Papst gleich beleidigt. So kam die schwerste Strafe, welche über einen freien Mann verhängt werden konnte. Der Faustschlag gegen alles Recht mußte gesühnt werden. Statt Acht und Bannfluch verhängte das Episkopat zu Basel eine weitaus schimpflichere Strafe. Der Graf von Pfirt und sein Anhang ward gezwungen, mit geschorenem Haupthaar, einen Hund unter dem Arm tragend, durch das Spalentor von Basel einzuziehen, vor der Kirchenpforte zu St. Marien reumütig niederzuknien, um dann den Bischof aufzusuchen, „wo er sich gerade befinden mochte". Dreimal hat dann der Graf sich vor dem Kirchenfürsten niederwerfen müssen und Vergebung erflehen. Reiche Geschenke fielen der Kirche zu.

In tiefster Erregung hatten der Graf und die Seinen den Heimweg angetreten. In ihren Gemütern wühlte der Haß. Schande und Entehrung war über das bisher ungebeugte Geschlecht gekommen. Bitter war die Vermessenheit des Schloßherrn bestraft worden. Am tiefsten trug der Sohn Ulrich an dem furchtbaren Verhängnis seines Hauses. Er war an dem Überfall bei Altkirch nicht beteiligt gewesen und hatte trotzdem allen Schimpf mit ertragen müssen. In seinem verfinsterten Gemüt erstand der Mordplan. Bald nach Neujahr 1233 war es, da in dem Schloßsaale zu Hohenpfirt es in der Nacht zu einer heftigen Auseinandersetzung zwischen Graf Friedrich und seinen beiden ältesten Söhnen Grimmel und Ulrich kam. Es regnete Anklagen und Vorwürfe. Schließlich wurde man handgemein. Züngelnde Leidenschaft wächst herauf. Fast dunkel ist's im Saale. Da packt Grimmel, der ältere, den Vater und drückt ihm die Kehle zu. In diesem Augenblicke fährt der Dolch Ulrichs dem Vater in das Herz. Ein dumpfer Fall. Dann wird's ganz still im Saale. Endlich wird es lebendig im Schlosse. Man stürzt mit Lichtern herein. Grimmel ist entflohen. Ulrich aber hält neben der Leiche des Vaters und bezeichnet den Bruder als den Mörder. In Acht von der Kirche gelegt, hat dann Grimmel lange Jahre auf einer einsamen Burg gehaust, vom Lande als der Mörder gebrandmarkt. Dann übergab er all sein Gut der Kirche, nach Rom zu pilgern, vom heiligen Vater Abbitte zu erflehen, ihm aber auch den wahren Mörder zu bezeichnen. Doch er sollte die ewige Stadt nicht mehr erreichen. Unterwegs starb er, seelisch und körperlich ein gebrochener Mann. Ulrich aber, sein Gewissen zu betäuben, herrschte rauh und im tollen Dasein sich mehrender Gewalttaten. Strafen auf Strafen zehrten an seinem Besitze, bis er endlich das glänzende Erbe seiner Väter 1271 verkaufte, um es nun als Lehen zurückzuempfangen. Das war 38 Jahre nach dem Vatermorde. Erst als er 1275 zum Sterben kam, hat er in einem schriftlichen Bekenntnis seine Untat eingestanden. Doch die Kirche verheimlichte dies Geständnis. Im Bewußtsein des Volkes verblieb Ulrich der Mörder. Erst 600 Jahre nach jener wilden Zeit hat ein hoher Beamter das Denkmal entdeckt, das als Überschrift die Worte trug: „Monumentum mei criminis". Mit diesem „Denkmal des Verbrechens" schließt eins der düstersten Kapitel des Hauses Pfirt. Abwärts ist es dann mit dem Grafenhause gegangen, bis 1342 das Drama sein Ende fand. — — —

Versöhnend wirkt etwas, das die letzte Tochter, Johanna von Pfirt, welche dem österreichischen Erzherzog Albrecht angetraut wurde, durch ein Leben voll Edelmut und Frömmigkeit suchte die Ehre ihres Hauses wieder herzustellen. Ihr Angedenken hat denn auch lange segnend fortgewirkt. Mit dem Sohne Leopold, den sie ihrem Gatten schenkte, gab sie 1351 das eigene Leben hin. Erzherzog Albrecht ehrte das Gedenken an die edle Frau. In ihrem Sinne ließ er seinen Sohn erziehen. Sollte dieser doch der Erbe von Pfirt einst werden. Albrecht lag gerade als Belagerer vor Zürich, da er 1386 erfuhr, daß sein tapferer Sohn in der Schlacht von Sempach als Held gefallen sei. Da brach er die Belagerung ab. Sieben Jahre später ist er dann als ein Einsamer der geliebten Frau im Tode nachgefolgt. — — —

Nach behaglicher Rast am Waldrande, waren die

Freunde nun wieder aufgebrochen und schritten erwartungsvoll weiter. Von Pfirt her kam ihnen das Bähnlein entgegengeschnauft. Nur wenige Wagen hatte die Lokomotive in das Tal hinabzuführen. Die Fahrgäste standen zumeist an den offenen Fenstern, und als sie die beiden jungen Wanderer erblickten, begann ein Winken mit Händen und Tüchern, das von unseren Freunden lebhaft erwidert wurde.

„Der brave Onkel hat anscheinend Stimmung gemacht," sagte soeben Franz, der dem entschwindenden Zuge nachsah.

In diesem Augenblicke rauschte es im Gebüsch ihnen zur Seite, und auf den Steig, der sich hart am Walde hinzog, trat ein weißbärtiger Grünrock. Unter dicht umbuschten Augenbrauen gingen ein paar prüfende Blicke aus hellen Augen über die Freunde hin. Dann lachte der Alte.

„Hat er auch! Hat der Alte auch! Unser weltstilles Bergnest ist dankbar für jede Neuigkeit!" Noch einmal ein rascher Blick, dann streckte er Franz die Hand entgegen. „Franz? Nicht wahr?"

„Ja, Onkel, der bin ich und bin glücklich, dich nun endlich überfallen zu können." Er stellte den Freund vor. „Hier, Ehrhardt Brink, mein treuer Weggeselle!"

Der Oberförster schüttelte auch diesem die Hand.

„Herzlich auch Sie willkommen! Hoffentlich soll auch Ihnen ... dir..."

„Du, Onkel! Für alle beide!" bat Franz.

„Mir um so lieber, Jungen! Der Sundgau hat sein bestes Gewand angelegt. Ich hoffe, es sollen gute Tage für euch werden." Er legte die Hände auf die Schultern von Franz. „Gleich habe ich dich 'raus erkannt. Das sind die Augen deiner Mutter, die hatte in jungen Jahren auch nur immer den Schalk darin. Ich frage nicht, wie geht's daheim. Bei uns liegen bereits zwei Briefe, für jeden einer. Da werden wir ja alles erfahren. Auch eine Karte, 'n bißchen dick geschrieben, und als Unterschrift eine Art Hammer gemalt."

„Hurra! Meister Junker!" Es flog wie ein Blitz aus beider Mund.

„Euer Freund?"

„Ja! Ein wackerer Schmiedemeister! Er hat eigentlich die Sehnsucht zum Wandern hier bei dem mich begleitenden Lyriker tüchtig gehämmert und vernietet. Als dann deine liebe Einladung kam, da stand es in uns fest, zu zweit dich zu überfallen. Und fein war's all diese Wochen, Onkel! Donnerwetter! Herrlich der Wasgau! Seine Weine sind auch nicht zu verachten."

„Da wird ja unser Sundgau einen schweren Stand euch gegenüber haben!"

Franz schob seinen Arm in die des Alten und erwiderte darauf:

„Wir befürchten nichts in dieser Hinsicht, Onkel! Wir erwarten von deiner Büchse Segen für die Vorratskammer,

und dein Keller wird auch nicht nur Grundwasser ent=
halten. Ach, Onkel, wie ich mich freue, nun doch bei dir
sein zu können! Seit Jahren war es mein Wunsch. Mut=
ter hat uns schon von dir erzählt, da wir noch klein waren.
Seitdem zählst du für mich unter die Säulenheiligen!
Entschuldige diesen Vergleich ... wenn man aber ein
paar Wochen durch katholisches Land zog, drängt sich der=
gleichen auf."

„Schon gut, schon gut! Aber nun vorwärts! Meine
Alte will auch Anteil an der Freude haben."

„Da mußt du uns aber doch wohl vorstellen, Onkel,
damit sie sich aus den braungebrannten Scholaren heraus=
findet!"

„Euch Gegenpole auseinanderzuhalten, wird ihr nicht
schwer fallen. Allons, allons! Wenn auch kein Fest=
komitee wartet, so doch ein echtes Jägergericht zum Abend=
essen, das euch munden soll!"

„Hurra, hurra!"

Zu dritt setzten sie den Weg fort.

Die Sonne stand bereits tief über den nahen Wald=
bergen, die von allen Seiten auf Pfirt niederblicken, als
der alte Oberförster seine jungen Gäste in sein Heim ein=
führte. An der Tür hatte Frau Oberförster den An=
kömmlingen herzlich die Hände geschüttelt, nun blieb der
Alte auf der mit Jagdtrophäen geschmückten Hausdiele
stehen und reichte beide Hände den Freunden hin.

„Nochmals herzlich willkommen, Jungen. Ein fröhliches ‚Weidmannsheil!' euch beiden!"

„Weidmannsdank!"

War das ein fröhliches Abendessen, das nun alle in dem traulichen Forsthause vereinte! Gute Nachrichten waren aus der Thüringer Heimat eingetroffen. Da mundete um so besser das würzig-herzhafte Mahl, das die Hausfrau bereitet hatte. Daß der alte Onkel für einen guten Umtrunk Sorge getragen hatte, versteht sich von selbst. Was gab es da alles zu fragen, zu beantworten. Wie die einsamen Leute immer Neues aus dem Thüringer Lande wissen wollten, so wuchs beim Berichten den beiden Freunden die eigene Heimat dabei hell und sonnig herauf. Der alte Herr versäumte nicht, sein Glas auf das Wohl der fernen Verwandten zu leeren, und als er im Laufe des Abends auch noch des wackeren Schmiedemeisters Junker gedachte, da hatte er die Herzen der Freunde völlig erobert.

„Der Sundgau ist ein stiller Winkel," bemerkte er unter anderem. „Aber lieb muß man ihn haben. Ich könnte ja wieder nach dem Norden versetzt werden, euch näher ... offen gestanden, heute möcht' ich's nicht mehr. Ich habe Land und Leute liebgewonnen, voran meinen Wald. Ihr werdet ihn noch kennen lernen. Nun bin ich selbst ein alter Baum geworden, und solchen versetzt man nicht mehr. Gelt, Alte?" Er reichte seiner Frau die Hand. „Aber wenn ihr heim kommt, sollt ihr erzählen können, daß es sich auch in der äußersten Ecke von Deutschland leben läßt, trotz der harten Nachbarschaft von Schweiz und Franzenland. Die Berge haben da selbst ihre Grenzen gezogen. Und nun noch auf eins wollen wir trinken: daß es mir vergönnt sein möge, euch noch einmal unter diesem Dache zu beherbergen, wenn ihr als freie Burschen wiederkommt. Darauf leere ich mein Glas!"

Hell klangen die Gläser aneinander.

„So, nun schreibt eure Grüße nach Hause. Daß ihr gut hier eingewechselt seid. Ich schicke sie noch zur Post, daß sie mit dem ersten Morgenzuge fortkommen. Ich setze dann meinen Namen darunter. Wißt wohl, Forstleute hassen das verfluchte Schreibwerk!"

Mond und Sterne wanderten klingend ihre Himmelsbahn dahin, der Nachtwind strich durch die Gartenbäume und harfte leise in dem nachbarlichen Bergwalde, da endlich unsere jungen Freunde die Ruhe aufsuchten. Der alte Onkel hatte sie zur Schlafstube geleitet.

„Um sieben Uhr wird Reveille geblasen, besser, sitzen wir zum Kaffee nieder. Vielleicht seid ihr bis dahin fertig. Ihr müßt die Tage ausnützen. Wenn die Eulen droben im alten Schlosse loslegen, dreht euch auf die andere Seite. Das gehört zur Poesie. Wir haben uns dran gewöhnt. Also: gute Ruh'!"

„Gute Nacht, gute Nacht!"

Die Tür schloß sich hinter der hageren Weidmannsgestalt. Die Treppe knarrte auf, als er wieder hinab in seine Wohnung stieg.

„Ich muß dir wirklich Dank sagen, Franz, daß du mir diese Einladung vermittelt hast. Wie zu Hause fühle ich mich."

„Bitte mir dafür den ersten Band deiner ‚Wasgenklänge' zu widmen!" Franz öffnete das eine Fenster und blickte hinaus. Silbriges Mondlicht umwirrten die umbuschten Schloßtrümmer. Man hörte fast den Atem der Nacht. „Mensch," sagte er, „hierher! Das ist ja über alle Maßen schön. Du wirst fortan kein Recht mehr haben, mich einen Barbar zu nennen!" — —

Bald darauf verlöschten die Kerzen. In tiefen Schlaf sanken die Freunde. Drunten ward zu gleicher Zeit das Licht ausgeblasen.

„Alte," sagte der Oberförster zu seiner Hausehre, „nun heraus, was Küche und Keller hält! Ich fühle mich um dreißig Jahre jünger!" —

Der letzte, der im Hause einschlief, das war Männe, der braunschwarze Dackel. Er hatte auf der Diele sein Lager und gedachte nun, wie so manchmal, durch die Küche und von da weiter ins Freie zu entschlüpfen. Aber die Küchentür war heute sonderbarerweise verschlossen. Da kehrte der Reißaus kopfschüttelnd auf sein Lager zurück. Er knurrte eine Weile höchst unzufrieden vor sich hin, bis auch er träumend in selige Jagdgründe hinüberglitt. — — —

Der nächste Morgen schon sah die Freunde mit ihrem Gastgeber droben zwischen den Ruinen des Schlosses, über dessen längst zerbrochene Dächer einst die Geschichte mit starkem Flügelschlage geweht hatte. Ein herzgewinnendes Bild bot sich ihnen droben. Auf kleinstem Raume vereinigte sich hier ein Landschaftsgemälde, das sich fest in ihre Herzen grub. Das hübsche Städtlein zeigte sich ihnen im Rahmen von kühnen Felsgebilden, Burgromantik, Gärten und Wiesenland, überall von Schlängelwegen durchzogen, die sich sacht in den Seitenkulissen verloren. Eine duftige Ferne winkte herüber. Näher heran aber hoben sich stille, unabsehbare Wälder feierlich in den taufrischen Morgen, Wanderziele ohne Zahl den Freunden verheißend.

Mit schmunzelndem Behagen las der alte Oberförster das Wohlgefallen auf den frischen, tief von der Sonne gebräunten Gesichtern seiner jungen Gäste.

„Gelt, das ist schön und darf sich auch sehen lassen? Aber der Sundgau ist eben noch immer nicht für den großen Haufen entdeckt. Im Grunde sollte es einen freuen, dann aber wieder gönnte ich ihm mehr Anerkennung. Begreifen aber werdet ihr, daß man hier mit seinem Herzen für immer Wurzel schlagen kann." — —

Schloß Pfirt ist noch lange nach dem Aussterben des gräflichen Hauses von Amtmännern bewohnt geblieben. Das feste Gefüge der Steine, die geschützte Lage wehrten sich gegen den Verfall. Freilich Pfirt selbst, da es nicht mehr Hauptstadt sein konnte, sank von seiner Macht hinab, wie auch Altkirch und andere Orte an Leben einbüßten. Erst den Schweden war es vorbehalten, das Unterschloß zu zerstören. Während der großen Revolution sank dann auch das Hauptschloß in Trümmern. —

Von Hohenpfirt aus tauchten alle drei in aufrauschenden Wald, bis der scharfzackige Junkerfelsen erreicht war, und sich ihnen eine neue Aussicht erschloß. Dann ging's hinüber zur sagenreichen Heidenfluh, und gar mancherlei wußte der alte Günrock von Funden, die hier gemacht wurden, von Mären und Erinnerungen zu erzählen. Als sie auf dem Heimwege zum Forsthause durch das Städtlein schritten, wurde unseren Thüringern manch freundlicher Gruß zuteil. Hatte doch seit Wochen der alte Herr beim Abendschoppen von dem „großen Ereignis" erzählt, das die Stille seines Hauses für einige Zeit unterbrechen sollte. Nun sah man ihm die Freude am Gesicht ab, und immer wieder blieb er stehen, den Freunden etwas zu erklären oder sie vorübergehenden Bekannten vorzustellen.

Fast für jeden Tag hatte der Oberförster bereits ein Programm entworfen, und da das Sommerwetter trocken und klar blieb, so glückte es ihm, die Fülle aller Schönheiten, welche der Sundgau überreich bietet, den jungen Wanderern vorzuführen. Ihre helle Begeisterung und die Wißbegier machte ihn in der Tat jung, daß mehr denn einmal die Frau Tante leise den Kopf schüttelte. Doch wenn dies heimlich geschah, so begleitete diese Kopf=

bewegung zugleich ein höchst zufriedener Ausdruck des guten Gesichtes.

Jeder Tag brachte somit den Wandergesellen Neues und Schönes, das ihre Phantasie beschäftigte, und ihren Dank gegen das gastliche Haus erhöhte. Es war ein Wandern und Schauen, dem Rede und Austausch der Gedanken spielend die Stunden kürzten. Sie brannten die Sehnsucht nach dem stillen Sundgau tief in die Herzen der Freunde, daß gar manchmal das Erhabenere, das sie vorher all die Wandertage genossen hatten, in den Schatten vor dem sonnigen Frieden des Sundgaues trat. Bald ging es durch dichten Wald dahin, felsumgürtete, schmale Täler waren da eingerissen, und der Oberförster führte sie die geheimen Schmugglerpfade hin und ward nicht müde, ihnen Geschichten aus dem Dasein dieser Tollkühnen zu erzählen, von verzweifelten Kämpfen mit den Zöllnern in wirrer Mondnacht, von Blut und Haß, von Kühnheit und Verschlagenheit. Mitten im Busch wies er ihnen die versteckten Ansitze der bewaffneten Beamten, die da stundenlang schweigend lauern, bis aus der tiefen Schlucht der Kalkfelsen, welche Deutschland von der Schweiz trennen, fast unhörbar Schatten vorsichtig emporklimmen, tastend, lauschend, immer wieder atemholend, innehaltend. Und dann ein Anruf. Die Last fällt zu Boden. Gespannte Büchsen richten sich aufeinander. Messer blitzen, Mann gegen Mann stehen festgerammt inmitten des angst= voll aufhorchenden Bergwaldes. Hier ein Knall, dort ein Vorstoß des Armes ... wehes, wildes Aufschreien ... ein dumpfer Fall. Die Schlucht hat eine Menschentragödie mehr gesehen. — —

Auf diesem Streifen hatten die drei manchmal die Grenze überschritten, nachdem vorher der Grünrock seine Büchse vorsichtig zwischen dem Buschgezweig versteckt hatte. Dann schritten sie über welschen oder Schweizer Boden ein paar Stunden und tranken von den freien Höhen des Jura die wonnevollen Ausblicke auf die strahlenden Schneegipfel und ewigen Firnen der nachbarlichen Schweiz. Klosterpoesie und das Trauliche welteinsamer Forsthäuser führte er ihnen vor und ward nicht müde, immer wieder Neues und Überraschenderes ihnen zu zeigen. Manchmal ließ er auch das Jagdwäglein anspannen oder ein Waldwart begleitete sie, der im Rucksack Fleisch, Brot und ein paar Flaschen Wein mit sich führte.

Es war am letzten Abend vor ihrer Abreise, als sie hoch im Jura eine freie Bergmatte erklommen hatten. Ein Stück davon träumte im Glanze der sacht sich neigenden Sonne eine stille, einsame Ferme. Wie flüssiges Gold lag es auf ihrem Dache. Dort oben standen sie und schauten mit eins über drei Länder. Der Gedanke des baldigen Scheidens beschäftigte einen jeden. Und plötzlich ergriff der alte Weidmann von jedem der Freunde eine Hand. In seinen treuen Augen flimmerte es seltsam. Dann sprach er:

„Besser denn hier können wir kaum Abschied nehmen, Jungen. Tage liegen hinter uns, die keiner vergessen wird. Ihr habt mich munter gemacht. Und ich gab euch, was der Sundgau geben kann. Kehrt glücklich heim in euer schönes Thüringer Land. Echte Liebe kennt ja keine Grenzen. Deutschland ist hier wie dort. Aber eins lege ich euch heute ans Herz: Haltet stolz und froh zu Deutschland. Das ist ein Land, das man nicht genug lieben kann. Um seinen Besitz ist so viel Blut geflossen, auch um den schönen Sundgau, ehe wir ihn wieder unser nennen durften. Das Vaterland über alles! Es gibt heute so viele, die gleichgültig daran vorübergehen. Die sind im Grunde ihrer Seele arm, arm wie Kirchenmäuse! Nichts Heiligeres denn der deutsche Boden! Er hat uns groß und tüchtig gemacht, aber auch fromm und gottvertrauend. Hier, wo sich Deutschland, Schweiz und Frankreich scheiden, angesichts der ewigen Berge drüben: Jungen bleibt treu euch selbst, erhaltet euch das Beste im Menschen, ein offenes Herz, einen fröhlichen Sinn, Kraft im Streben, Freude an der Natur! Will's Gott, sehen wir uns hier wieder!"

Er drückte jedem noch einmal fest die Hand, dann schritten sie bergein, während der Abend aus den Tälern heraufkam und mit wachsenden Schleiern die Erde wohltuend einhüllte. — — —

Früh am nächsten Morgen ging's zur Stadt hinaus. Manches Fenster öffnete sich, da das Rollen des Jagdwägleins über das holprige Pflaster erklang, und mancher Gruß begleitete die abziehenden Freunde. Ein Stück hatte der Oberförster sie noch gefahren. Dann machte er Halt, und die Freunde stiegen aus. Kurz war der letzte Abschied. Dann wandte er das Gefährt. Die Peitsche knipste. Das Pferd zog an. Wohl riefen unsere Thüringer dem lieben Manne noch einen Jodler nach ... doch er wandte sich nicht mehr um. — — —

Zum Mittag hatten sie Burg Landskron erreicht. Dann brachte der Bahnzug sie nach Basel, das sie während der Nachmittagsstunden besichtigten. Mit dem Nachtzuge fuhren sie in die Thüringer Heimat zurück. Als die Sonne herausbrach, glitt ihr Blick über die Thüringer Berge. Die Wartburg entbot ihnen den ersten Gruß. Da fanden sich still ihre Hände.

„Reich kehren wir heim," sprach Franz.

„Ja!" erwiderte Ehrhardt, „reich und glücklich! Es war eine Wanderfahrt, die uns binden soll fürs ganze Leben!" — — —

MIX
Papier aus verantwortungsvollen Quellen
Paper from responsible sources
FSC® C105338

If you have any concerns about our products,
you can contact us on
ProductSafety@springernature.com

In case Publisher is established outside the EU,
the EU authorized representative is:
**Springer Nature Customer Service Center GmbH
Europaplatz 3, 69115 Heidelberg, Germany**

Printed by Libri Plureos GmbH
in Hamburg, Germany